精进PPT

▶ PPT设计思维、技术与实践

（第3版）

凤凰高新教育◎编著

北京大学出版社

PEKING UNIVERSITY PRESS

内 容 简 介

职场中，几乎人人都会使用PPT软件，但却不是人人都能制作出优秀的PPT作品。会用PPT软件和会制作优秀的PPT作品是两个不同的技能境界。如何才能让自己的PPT在众多PPT中脱颖而出呢？仅仅掌握一些PPT操作技巧，显然已经无法满足当下PPT学习者的需要，还需要掌握软件操作之外的一些知识，如PPT设计思维、色彩美学等。

本书以最新版的PowerPoint 2021软件为例，打破常规写法，从各行各业的读者学习、制作PPT过程中真实的"痛点"出发，即以实际应用需求为标准，既不过多着墨于软件操作，也摒弃那些不实用的"炫技"，重点阐述如何用PPT软件制作出好作品和如何用PPT解决工作、学习、生活中的实际问题。全书共9章，分思维、技术、实践3篇，由制作PPT想法、意识的探讨，到针对性的方法、技巧、资源的梳理，再到各种不同类型PPT做法的直接提供，图文并茂。

本书沉淀着笔者10多年的PPT设计制作与教学经验，希望能给广大读者提升PPT技能带来切实有效的帮助。本书既适合个人读者提升PPT制作水平，也适合作为广大职业院校、培训班的教材参考用书。

图书在版编目(CIP)数据

精进PPT：PPT设计思维、技术与实践 / 凤凰高新教育编著. — 3版. — 北京：北京大学出版社，2023.7

ISBN 978-7-301-33856-8

Ⅰ.①精… Ⅱ.①凤… Ⅲ.①图形软件 Ⅳ.①TP391.412

中国国家版本馆CIP数据核字（2023）第051718号

书　　　　名	精进PPT：PPT设计思维、技术与实践（第3版）
	JINGJIN PPT: PPT SHEJI SIWEI、JISHU YU SHIJIAN（DI 3 BAN）
著作责任者	凤凰高新教育　编著
责任编辑	王继伟　吴秀川
标准书号	ISBN 978-7-301-33856-8
出版发行	北京大学出版社
地　　　址	北京市海淀区成府路205号　100871
网　　　址	http://www.pup.cn　　　新浪微博：@北京大学出版社
电子信箱	pup7@pup.cn
电　　　话	邮购部 010-62752015　发行部 010-62750672　编辑部 010-62570390
印　刷　者	北京宏伟双华印刷有限公司
经　销　者	新华书店
	787毫米×1092毫米　16开本　16.25印张　413千字
	2023年5月第1版　2023年5月第1次印刷
印　　　数	1-4000册
定　　　价	89.00元

序言
PREFACE

从我过去教过的众多学生的情况来看，初学者学习 PPT 通常有两个认识误区：一个是认为 PPT 属于"低端""不专业"的办公软件，功能简单易用，不值得专门花时间学习；另一个是认为学习 PPT 难度很大，非专业设计师、动画师根本制作不出优秀的作品。因此，我给学生们上的第一堂 PPT 课都是"正确认识 PPT"。

莫泊桑说，生活不可能像你想象得那么好，但也不会像你想象得那么糟。PPT 也是如此，它没你想象得那么简单，也不会像你想象得那么难。

一方面，作为一款办公软件，PPT 的功能其实比表面上看起来要强大得多，我们可以用它来做总结、汇报方案、分享商业计划、展示研究成果，还可以用它设计海报、制作动画、合成视频等。随着软件不断升级，功能日臻完善，很多工作都可以使用 PPT 来完成。而 PPT 软件的应用能力，也越发成了一项重要的职场技能。

另一方面，PPT 终究只是一款办公软件，没有必要盲从某些网络流量博主的观点，过度追捧它的动画、绘图等所谓"高阶"创作功能。我认为，学习 PPT 的主要目的在于学会使用 PPT 做好相关内容表达，解决工作中的实际问题。实际工作场景中的 PPT 一般不需要添加特别复杂的动画，也不是每一份 PPT 都需要绘图，所以，学习 PPT 也并没有那么难。

基于这些认识，我在给学生或读者分享 PPT 制作经验时，一贯主张 PPT 创作应重视内容本身的表达，设计风格尽量简约，拒绝浮夸设计、动画效果，相关课件准备、书籍章节编排等也都紧扣学生或读者的实际需求，以帮助其破解 PPT 制作过程中真实的"痛点"。

本书凝结着我对不同行业、不同类型、不同风格 PPT 的创作思考，提供了实用性较强的 PPT 技巧及具体操作方法，也给出了一些针对性强、即学即用的专题案例，是对我过去设计制作 PPT 的相关工作和 PPT 软件教学实践经验的全面总结与整体梳理，希望对广大读者提升 PPT 制作能力有所帮助。

最后，感谢胡子平老师的策划与写作指导，感谢我的家人对我工作的支持！

前言
FOREWORD

有人平时工作做得好，年会总结PPT又出彩，老板给多发了1个月年终奖！

有人教学能力过硬，课件PPT还受欢迎，评优评级总是领先一步！

有人因为一份与众不同的简历PPT，在校期间便拿到世界500强企业offer！

有人凭借一份优秀的商业计划书PPT，成功为创业项目争取到巨额融资！

有人使用PPT制作短视频，不到一年抖音账号粉丝竟破百万！

……

再不起眼的一项技能，学习进阶到超乎常人的境界，也能创造奇迹！

如果你会用PPT，却苦于制作出的作品不美观、不专业，可以读读这本书！

如果你想系统地学习PPT，却不愿把时间浪费在过于基础的知识上，可以读读这本书！

如果你想提升PPT技能，却不愿琢磨那些不实用的"奇技"，可以读读这本书！

如果你想用PPT解决实际工作问题，得到务实、有效的方法，可以读读这本书！

心中有想法，手上有技法，应对有方法

学好PPT，没你想得那么简单，也没有你想得那么难！

有的人学到了不少PPT软件的操作技巧，依旧做不好PPT，根本原因在于缺少PPT制作思维、方法与PPT软件之外的相关技能。目前，市面上很多讲授PPT技能的书籍依然着重于软件本身的操作方法，无法真正帮助PPT学习者提升制作能力与水平。

本书自上市以来，历经3版内容的不断升级与优化，得到了广大读者的认可与好评。

本书有哪些特点？

注重实际应用，解决实际问题

本书不是就软件而讲软件，也不是只停留在琐碎的操作过程上，而是从做好PPT需要解决的问题出发，逐项突破，提供思路、资源和切实有效的方法。

案例类型丰富，覆盖行业广泛

本书中很多案例都是笔者从过去PPT专职设计工作的作品中精选出来的，涉及行业领域广泛，涵盖职场、单位、学校等各种工作场景常见的PPT类型。毫无保留的实战经验分享，即学即用。

讲解严谨细致，带动思路洞开

本书虽以图解为主，但对于重点知识点，仍不惜用大量文字进行深入、细致的剖析，使学习者不仅能知其然，还能知其所以然。在介绍某些设计或动画特效的制作方法时，本书不厌其烦地从各个角度提供参考案例，引导学习者打开思路。

介绍了大量工具网站、软件、插件

本书介绍了大量工具网站、软件、插件及其使用方法。这些工具网站、软件、插件对于PPT素材资源收集、版式设计、动画制作、提高制作效率等有切实的帮助。

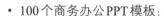 超值赠送

本书免费附赠超值学习资源，读者可用微信扫描右侧二维码关注公众号，输入本书77页的资源下载码，即可获得下载资源。

资源下载

- 100个商务办公PPT模板；
- 学好、用好PPT的视频教程；
- 5分钟学会番茄工作法（精华版）；
- 10招精通时间整理术视频教程；
- PPT完全自学视频教程。

以上内容还可以通过以下步骤来获取。

	第1步：打开手机微信，点击【发现】→点击【扫一扫】→对准左侧二维码扫描→点击【关注公众号】
	第2步：进入公众账号主页面，点击左下角的键盘图标⌨→在右侧输入"H23T9"→点击【发送】按钮，即可获取对应学习资料的下载网址及下载密码
	第3步：在计算机中打开浏览器窗口→在地址栏中输入上一步获取的下载网址，并打开网站→根据提示输入上一步获取的下载密码→点击【提取】按钮
	第4步：进入下载页面，点击书名后面的下载按钮⤓，即可将学习资源包下载到计算机中。若提示是【高速下载】或是【普通下载】，选择【普通下载】
	第5步：下载完后，有些资料若是压缩包，通过解压软件（如WinRAR、7-zip等）解压后就可以使用了

本书适合哪些人学习？

- 咨询、营销策划、广告等工作中经常需要制作幻灯片的公司职员。
- 即将毕业，缺乏实际经验与工作技能的学生。
- 刚入职场，渴望有所作为，得到领导、同事认可的新人。
- 不擅设计的学校教师，社会培训机构的培训师。
- 广大PPT爱好者，PPT业余玩家。

本书作者

本书由凤凰高新教育策划，李状训老师执笔编写。李状训：策划师，培训师，PPT教育专家。李状训老师在知名4A广告公司从事品牌推广策划工作多年，在创意表现、视觉传达等方面有着深厚的积淀，后转入四川省某高校，从事中文演讲技巧的教学教研、专业建设，有较丰富的行业经验和一线教学经验，他的课程成为学校选课热门，深受学生喜爱。

最后，感谢广大读者选择本书。由于计算机技术发展非常迅速，书中不足之处在所难免，欢迎广大读者及专家批评指正。

目录
CONTENTS

上篇 思维——学好 PPT，想法是关键

▶ CHAPTER 01 真的决定要好好学一下 PPT 吗？ P001

1.1 PPT 有哪些主要优势？ ………… 2
  1.1.1 更易读 ………………………… 2
  1.1.2 更易用 ………………………… 2
  1.1.3 超强表现力 …………………… 2
  1.1.4 更易于分享 …………………… 3

1.2 PPT 到底能帮我们做什么？ ……… 4
  1.2.1 接项目 ………………………… 4
  1.2.2 做培训 ………………………… 4
  1.2.3 做汇报 ………………………… 5
  1.2.4 做宣传 ………………………… 5
  1.2.5 找工作 ………………………… 6

1.3 好的 PPT 应当具备哪些基本
  素质？ ……………………………… 7
  1.3.1 站在观众角度谋篇布局 ……… 7
  1.3.2 逻辑清晰 ……………………… 7
  1.3.3 内容简洁 ……………………… 8

1.3.4 风格统一 ……………………… 9
1.3.5 动画恰到好处 ………………… 10

1.4 PPT 高手是怎样"炼"成的？ …… 11
  1.4.1 从模仿开始 …………………… 11
  1.4.2 养成积累的习惯 ……………… 12
  1.4.3 需要一点小纠结 ……………… 14
  1.4.4 像玩游戏一样享受 PPT …… 14
  1.4.5 大量地动手做 ………………… 16

1.5 为什么要学习新版本的 PPT？ … 16
  1.5.1 更丰富的素材库，极大提升 PPT
    制作效率 ……………………… 16
  1.5.2 更强的"绘图"功能，让你轻松
    做出更个性化的页面 ………… 17
  1.5.3 更方便的"录制"功能，让网课
    录制变得简单 ………………… 18
  1.5.4 更多元的"导出"选择，满足各
    种类型 PPT 作品的创作需求 … 19

▶ CHAPTER 02 完成 PPT 最快的方法是别太快 P020

2.1 你对要求真的清楚了吗？ ……… 21
  2.1.1 PPT 之外，不可不知的事情 … 21

2.1.2 内容的方向性判定 …………… 23
2.1.3 设计风格的确定 ……………… 24

2.2 创意内容实用的思维方法 ········ 26
　2.2.1 头脑风暴 ·············· 26
　2.2.2 逆向思维 ·············· 27
　2.2.3 金字塔原理 ············ 27
　2.2.4 思维导图 ·············· 28

2.3 三种经典的内容组织方式 ········ 29
　2.3.1 事由逻辑 ·············· 29

2.3.2 象征类比 ·············· 29
2.3.3 形散而神聚 ············ 30

2.4 PPT 化繁为简 "三板斧" ········ 30
　2.4.1 删 ·················· 30
　2.4.2 缩 ·················· 31
　2.4.3 拆 ·················· 31
神器 1：思维导图好工具——XMind ···· 32

中篇 技术——手段硬效率高

▶CHAPTER 03　让文字更令人有阅读欲　　P034

3.1 字体贵在精而不在多 ········· 35
　3.1.1 字体选用的两大原则 ········ 35
　3.1.2 四种经典字体搭配方案 ······ 43
　3.1.3 防止字体丢失的五种方法 ····· 44
　3.1.4 好字体，哪里找 ·········· 48

3.2 文字也要有 "亮点" ········· 50
　3.2.1 恰到好处才能 "艺术" ······· 50
　3.2.2 要大气，当然选择毛笔字 ····· 52
　3.2.3 发挥想象力，填充无限可能 ···· 54
　3.2.4 修修剪剪，字体大不同 ······ 56

3.3 段落美化四字诀 ············ 59

3.3.1 "齐" ················· 59
3.3.2 "分" ················· 60
3.3.3 "疏" ················· 60
3.3.4 "散" ················· 62

3.4 让标题更吸睛的 5 个关键词 ····· 63
　3.4.1 简短 ················ 63
　3.4.2 有内涵 ··············· 64
　3.4.3 专业 ················ 65
　3.4.4 有趣 ················ 65
　3.4.5 神秘 ················ 65
神器 2：文字云制作好工具——凡科
　　　　快图 ················ 66

▶CHAPTER 04　用抓眼球的图片抓住观众的心　　P068

4.1 找图也是一种能力 ·········· 69
　4.1.1 PPT 支持哪些格式的图片 ····· 69
　4.1.2 影响 PPT 质量的 5 种图片 ···· 72
　4.1.3 找图时常用的 4 种方式 ······ 74

4.2 优化 PPT 中的图片素材 ········ 83

4.2.1 调整图片位置、大小和方向 ···· 83
4.2.2 裁剪图片 ·············· 85
4.2.3 一键特效 ·············· 87
4.2.4 统一多张图片的色调 ········ 89
4.2.5 让图片焕发艺术魅力 ········ 91
4.2.6 抠除图片背景 ··········· 95

4.3　图片要么不用，用则用好 ……… 96

4.3.1　无目的，不上图 ……… 96

4.3.2　好图当然要大用 ……… 97

4.3.3　图多不能乱 ……… 101

4.3.4　一图当 *N* 张用 ……… 103

4.3.5　利用 SmartArt 图形排版 ……… 104

神器3：拼图好工具——CollageIt Pro … 105

神器4：去水印好工具——Inpaint ……… 106

神器5：去背景好工具——removebg … 106

▶CHAPTER 05　可视化幻灯片的三大利器　P108

5.1　令人惊叹的形状 ………109

5.1.1　形状的用法 ……… 109

5.1.2　不做这两件事，不算懂形状 ……113

5.1.3　创造预制形状之外的形状 ……114

5.1.4　深度"变形"，先辨清三大

概念 ……… 117

5.2　被忽视的表格 ……… 121

5.2.1　在PPT中快速插入表格的3种

方法 ……… 122

5.2.2　编辑表格前先看懂5种鼠标

指针形态 ……… 124

5.2.3　表格也能做得很漂亮 ……… 127

5.3　并没有那么可怕的图表 ………133

5.3.1　提升图表表达力的4种方法 … 134

5.3.2　美化图表，你可以这样做 … 137

5.3.3　上这些网站，积累图表设计

灵感 ……… 141

神器6：图表好工具——百度图说 … 143

▶CHAPTER 06　媒体与动画恰到好处即是完美　P145

6.1　媒体是一把"双刃剑" ………146

6.1.1　视频：有所讲究，才更有所用 … 146

6.1.2　屏幕录制：说不清的过程录

下来说 ……… 150

6.1.3　音频：一念静好，一念烦扰 … 152

6.2　动画不求酷炫但求自然 ………154

6.2.1　使页面柔和过渡的8种切换

动画 ……… 154

6.2.2　让对象动画的衔接更自然 … 160

6.2.3　PPT高手常用的7个动画

小技巧 ……… 164

神器7：动画制作好工具——口袋

动画PA ……… 176

▶CHAPTER 07　颜值高低关键在于用色排版　P179

7.1　关于色彩的使用 ………180

7.1.1　学好PPT配色必知的色彩知识 … 181

7.1.2　获取PPT窗口外颜色的小妙招… 183

7.1.3　让你的配色更专业…………… 185

7.1.4　为什么要用"主题"来配色… 190

7.1.5　PPT设计中灰色的用法……… 193

7.1.6　PPT设计中渐变色的用法…… 194

7.2　关于排版设计 ………………… **198**

7.2.1　基于视觉引导目的排版…… 198

7.2.2　专业设计必学的4项排版原则… 199

7.2.3　统一排版，幻灯片母版不可少… 203

7.2.4　快速排版之7大辅助工具 ……… 205

7.2.5　值得学习借鉴的PPT排版灵感… 211

7.3　关于模板 …………………………… **220**

7.3.1　在哪里可以找到精品模板？ ……220

7.3.2　模板怎样才能用得更好？ ……… 222

神器8：配色好工具——Colorschemer

Studio ……………………………… 223

神器9：排版设计好工具——iSlide

插件……………………………………… 224

▶ CHAPTER 08　找一个舒服的"姿势"分享 PPT　　P227

8.1　鲜花与掌声只属于有准备的人 …**228**

8.1.1　对于PPT演讲，你是否也有

"不健康"心理？ ……………… 228

8.1.2　多几次正式排练…………… 229

8.1.3　为免忘词，不妨先备好提词… 229

8.1.4　演讲的5种开场方式 ……… 231

8.2　高手都这样保存和分享 PPT …**232**

8.2.1　加密保存，提高PPT的

安全性…………………………… 232

8.2.2　打包PPT，没有安装Office也能

放映……………………………… 234

8.3　把好的 PPT 放映好，才是

真的好 ……………………………… **235**

8.3.1　根据需要设定合适的放映

方式……………………………… 235

8.3.2　让PPT按指定时间自动放映… 236

下篇　实践——用正确的方法做事

▶ CHAPTER 09　职场常用 PPT 制作技巧　　P238

9.1　工作总结 PPT 制作技巧 ……… **239**

9.1.1　工作总结内容的构思与组织… 239

9.1.2　如何让工作总结更出众？ … 242

9.2　商业计划书与个人简历 PPT 的

制作要点 ………………………… **243**

9.2.1　商业计划书PPT的制作要点… 243

9.2.2　个人简历PPT的制作要点…… 245

上篇 思维——学好PPT，想法是关键

01 Chapter

真的决定要好好学一下PPT吗？

PPT 的功能能否满足你的需要？

什么样的 PPT 才是好 PPT？

是什么原因让你下定决心花时间学一款办公软件的？

怎样才能学好 PPT？

让制作 PPT 成为自己的一项技能，你准备好了吗？

1.1 PPT 有哪些主要优势？

有这样一种偏见，PPT 和 Word、Excel 一样，不过是基础到不能再基础的办公软件，根本谈不上有什么技术含量，也不值得花大量时间去学。

且不说 Word、Excel 软件比我们想象中要强大很多，当你发现现实中很多令人惊叹的视频、动画、平面设计作品都是用 PPT 制作的时，甚至听闻类似"黄太吉用一份 PPT 商业计划书融资 2 个亿"这样的故事时，你还会认为 PPT 没有技术含量吗？

在这个信息爆炸的时代，人们越来越倾向用轻松的方式获取知识，长篇大论的文档难以引起大众的兴趣，PPT 的信息展示方式恰好适应了当前大众的阅读、认知习惯。

品牌发布会、方案沟通会、市场研究报告……在商务活动中，PPT 的身影几乎处处可见。会用 PPT 软件早已成为很多工作的基本要求，学好 PPT 对于提高你的职场竞争力是非常有帮助的。

1.1.1 更易读

为了便于演示，PPT 每页的内容都是经过删减后的重点，是浓缩的精华。PPT 加上图片、图表及音乐、视频辅助，阅读起来更轻松，满足了信息时代人们对于阅读内容的要求，如图 1-1 所示。

▶ 图 1-1 发布会 PPT

1.1.2 更易用

和 Photoshop（简称 PS）相似，在 PPT 中插入的文本、图片、图表等都是以图层的形式共存于页面上，选择、移动、编辑、删除等操作比 Word 要方便一些。在新版的 PPT 软件中，界面越来越简洁、人性化，内容编辑的可操作空间也越来越大，不需要花费太多时间即可轻松上手。

1.1.3 超强表现力

在 PPT 中可加入图片、音乐、视频，让内容更丰富多彩，也可用设计得漂亮的版式来表现纯粹的文字，还可设置令人炫目的动画以吸引观众的眼球……PPT 不是画册，不是视频，不是 Flash 动画，却融合了这些媒介的表现力，被应用于更广泛的行业领域。图 1-2 所示为锐普公司宣传动画 PPT《变》，通过简约的点、线、形状元素便创作出了精彩的动画，很好地说明了 PPT 在品牌形象建设方面的突出价值。

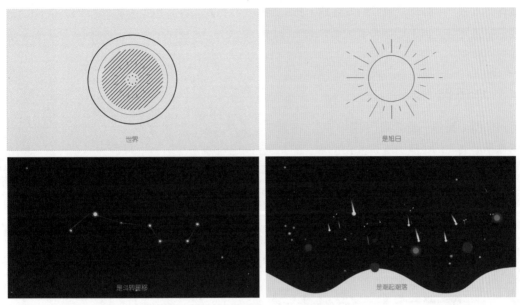

▲ 图 1-2　锐普公司宣传动画 PPT《变》

1.1.4　更易于分享

在 PPT 的 4 个主要优势中，出众的分享能力或许是最大的优势。

互联网时代是一个开放的时代，分享则是这个时代的主旋律。雷军用 PPT 分享小米公司最新款的手机，罗振宇用 PPT 分享他的"罗辑思维"，马云用 PPT 分享他的阿里经验……新产品、新观点、新专业成果等，每一天都有价值在产生，并且我们希望将这些价值与尽可能多的人分享，如图 1-3 所示。

当你或你的公司需要在这个时代快速分享成果时，PPT 就是最好的工具。正因如此，未来，在持续发展的中国，PPT 在商务办公中的重要作用将进一步显现。

► 图 1-3　罗振宇 2021 年
《时间的朋友》跨年演讲 PPT

1.2 PPT 到底能帮我们做什么？

帮我们说服客户，达成一次商务合作；帮我们吸引学生，完成一节生动易懂的课程；月初时，帮我们做计划汇报；年终时，帮我们做述职汇报；如果我们在找工作，PPT 可以帮我们赢得HR的青睐；如果我们在开网店，PPT 可以帮我们做广告……PPT 是软件界的多面手，从工作到生活，很多事情它都能帮我们搞定。

1.2.1 接项目

用 PPT 精心制作一份方案（见图1-4），将想法、思路、工作成果有序融合，再加上一点创意，在客户招标会上来一场说服力十足的SHOW，何愁项目拿不下来？

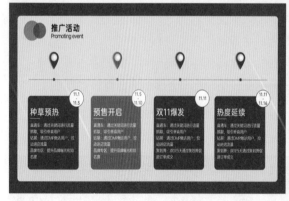
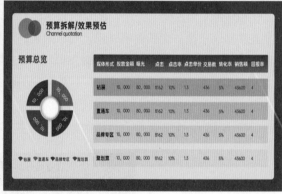

▲ 图1-4　某品牌天猫双11平台购物节推广方案

1.2.2 做培训

很多老师习惯了粉笔、黑板授课的感觉，不妨加入一点新鲜元素，别被学生打上"守旧派"的标签。恰当的时候搭配一些图片、音乐、视频等素材，PPT 课件（见图1-5和图1-6）将会让你的课堂变得更生动，知识的讲授变得更简单。

▲ 图1-5 地理 PPT 课件 　　　　　▲ 图1-6 会计 PPT 课件

1.2.3 做汇报

做工作计划和工作总结时你还在用 Word 码字吗？你的想法大家都在听吗？你的业绩领导听到了吗？试试 PPT 吧，它会让你的工作汇报不再枯燥、乏味，并在月底、年中、年末的总结会上帮上大忙，如图1-7所示。

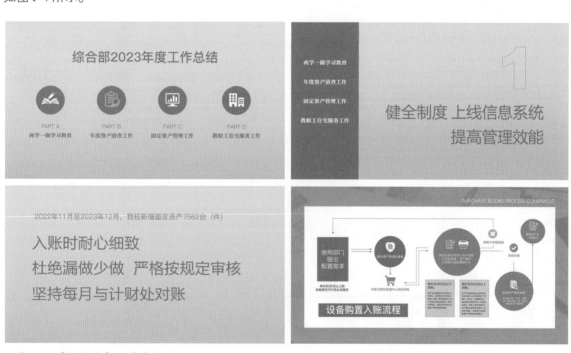

▲ 图1-7 某校综合部工作总结

1.2.4 做宣传

创业当老板，需要设计名片；网店做推广，需要设计海报；不会 PS、不会 AI（Adobe Illustrator）、不会 CorelDRAW，不想花钱请人做，怎么办？ PPT 帮你搞定！在 PPT 中做平面设计，最终输出成

PDF文件或导成图片，同样能打印制作。图1-8、图1-9所示的便是用PPT设计的名片和海报。

▲ 图1-8　PPT设计名片示例　　　　　　　　　　▲ 图1-9　PPT设计海报示例

1.2.5　找工作

　　找工作时，你的简历还是白纸黑字一张吗？太普通了！如果你会使用PPT，就可以换一种方式制作简历。比如，做成一份带动画的电子简历，或者将个人能力、工作经验及作品精心整理在PPT文稿中并打印出来，可以使你在一大群求职者中脱颖而出，让HR眼前一亮，为你的求职加分，如图1-10所示。

▲ 图1-10　一份PPT简历

1.3 好的 PPT 应当具备哪些基本素质？

自说自话、观点平庸、逻辑混乱、文字堆砌、排版随意、色彩花哨、莫名其妙的动画……新手制作的 PPT 或多或少存在这些问题。学习 PPT 之前，需要对 PPT 的优劣有一个清晰的认识。如果觉得以上问题都不是问题或根本看不出自己的 PPT 有问题，那基本可以不用考虑学 PPT 了。

被大家喜爱的、觉得做得好的 PPT，往往具有下面一些共性。

1.3.1 站在观众角度谋篇布局

制作一份 PPT，一定是带着目的性的。如果你的 PPT 是用来分享的，无论是屏幕播放还是打印阅读，首先一定要考虑观众的阅读感受。除此之外，还要考虑 PPT 中的观点、想法、建议是不是针对观众需求提出的，PPT 中的某些文字是否会让观众反感，色彩搭配在观众看来是否美观、清楚……从观众的角度提前考虑这些问题，才能做出让人满意的 PPT。

1.3.2 逻辑清晰

一般而言，为了让受众更易明白其中的内容，优秀的 PPT 往往会设计一个清晰的逻辑框架，如加入封面页、结构页、观点页、总结页、导航条等，让内容看起来逻辑性更强。图 1-11 和图 1-12 所示为节选的两份 PPT。图 1-12 所示的 PPT 在封面页、过渡页、内页、结尾页都进行了不同的设计，内页上方还设置了各部分内容的导航条，与图 1-11 相比显得层次更为清晰，受众阅读起来会更轻松。

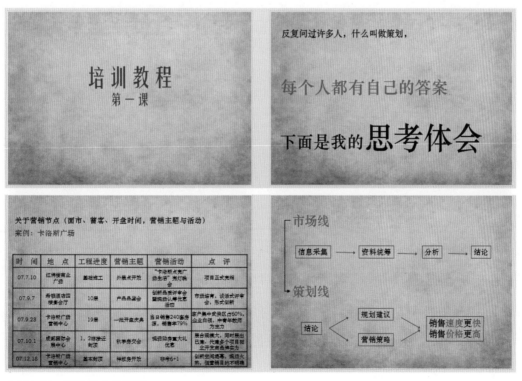

▲ 图 1-11 逻辑混乱的 PPT

▲ 图 1-12　逻辑清晰的 PPT

　　导航条是来自网页设计领域的一种工具，就是在网页上方设置链接动作，通过单击导航条上的按钮，即可跳转到相应部分的页面。在 PPT 中，为了让阅读者随时掌握 PPT 中的某页在整个 PPT 内容逻辑中的位置，有些设计者会在内容页设置类似功能的导航条。

1.3.3　内容简洁

▲ 图 1-13　页面文字内容过多

　　PPT 适合简洁的设计风格。除了用于打印阅读的文稿，优秀的 PPT 无一不是简洁的。每一张幻灯片页的文字都应该是经过提炼后的内容，而不是大量文字的堆砌，更多的补充信息应由讲述者在演讲或做汇报时口头说明。当然，简洁不是简陋，否则会显得单调草率、缺乏诚意。

　　图 1-13 所示为纯文字内容，且文字非常多，放映后所有文字都显得字号过小，即便有颜色上的区分，受众仍然很难把握重点。相比之下，图 1-14 所示的短短几个字却要清晰得多。

▲ 图1-14　页面内容简洁

1.3.4　风格统一

PPT 的风格要统一，保证整体的一致性。从字体的选择、字号的安排，到页面布局，再到色彩搭配等，优秀的 PPT 让人赏心悦目，能快速抓住观众的眼球，更好地传递信息。目前流行的 PPT 设计崇尚简约，应用一些简单的色块组合、一种或两三种色彩搭配，就能达到美观的效果。

图1-15和图1-16所示为两种风格的 PPT，你觉得哪种风格比较统一，设计感更强？整体来看，图1-16要明显优于图1-15。其实只要对页面内容稍微进行调整，注意图片摆放位置、色彩搭配等，PPT 的美感就会大大提升。

▲ 图1-15　法国文化培训课 PPT

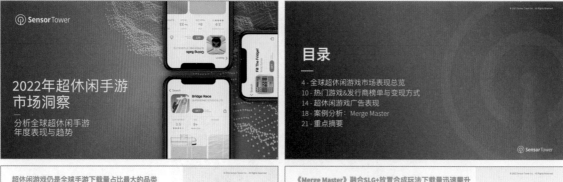

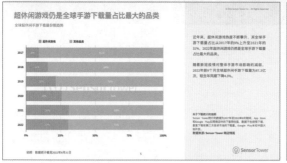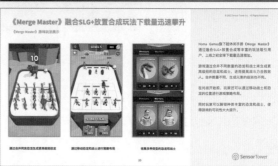

▲ 图 1-16　Sensor Tower：2022年超休闲手游市场洞察报告 PPT

技能拓展 〉 **美化 PPT 需要注意的两个"统一"**

（1）设计风格统一。整个PPT 使用的版式、图形元素等需要有一定的规范，包括标题、内容、结尾页的设计，辅助图形的设计等，不能一页一种风格。

（2）色彩风格统一。整个PPT 尽量采用统一的色彩规范，选择的色彩不宜过多、过乱。总而言之，要想美观，设计必须有所规范。

1.3.5　动画恰到好处

被复杂的动画效果所震惊，因而对学习PPT 望而却步的大有人在。其实PPT 并不是以设计动画效果见长的软件，大多数时候，制作的PPT 并不需要复杂的动画效果。简单地置入一点动画，让内容有序、自然地呈现就足够了。

图 1-17 所示为年会活动舞台背景动画PPT，这份PPT 虽然只有1页，动画效果却十分复杂，页面上每一个元素都应用了多个动画效果，其主要目的在于展示动画本身。而我们在日常工作、生活中使用PPT 主要目的是表达内容，所需要的动画效果更多的是类似图 1-18 所示的效果，用简单的几个常用动画效果辅助即可。过多的动画反而会在播放时给人眼花缭乱的感觉，从而分散观众的注意力，使注意力过多地集中在动画上，而忽略了幻灯片中的内容，最终达不到传递信息的目的。所以，PPT中不宜添加太多的动画效果，适当就行。

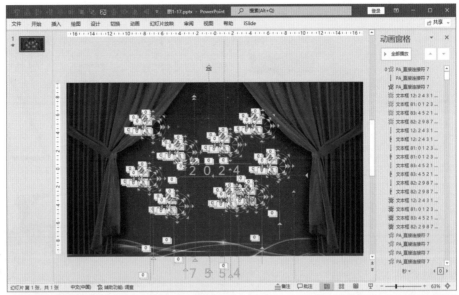

▶ 图1-17 某公司年会活动舞台背景动画PPT

▶ 图1-18 日常工作中制作的PPT

1.4 PPT 高手是怎样"炼"成的？

不就是一个办公软件嘛，为什么有的人可以操作得那么好？从PPT界的很多"大神""达人"总结的经验来看，想要进阶成为PPT高手，方法主要有以下5个。

1.4.1 从模仿开始

新手不应对模仿有不齿的心理。从配色到排版，再到动画设计，当你不断模仿那些好的设计（不拘于PPT）时，能力、技巧、眼界都将不断进阶，如图1-19所示和图1-20所示。在模仿的同时，你可

以慢慢体会好作品背后的创作逻辑，思考别人为什么这样做，思考自己是否还能在此基础上有所改进等。

▶图1-19　小牛电动车介绍网页

大师点拨 >　如何增加 PPT 中"撤销"操作的次数？

在制作PPT时如果发现某一步操作有误，我们一般会通过不断地按【Ctrl+Z】组合键来撤销操作。但默认情况下，PPT只能撤销在此之前最多20次的操作。如果觉得20次太少，可依次单击"文件"选项卡→窗口左侧面板中的"选项"命令，然后在弹出的"PowerPoint"选项对话框→"高级"选项卡→"编辑选项"下更改设置，撤销次数最多可设置为150次。

| 新品介绍 | 市场扫描 | 现状分析 | 营销策略 | 费用预算 |

掌控细节 横扫不完美

奇迹因子去屑洗发乳

主要卖点：

·植萃洗护，自然原力来自柠檬及日本猪牙菜精华

·搭配科学去屑成分ZPT，多重控油因子，头皮不油不痒

·轻盈发丝，蓬松发顶

·香味清新自然，具有层次感

▶图1-20　据小牛电动车介绍网页模仿设计的一页幻灯片

1.4.2　养成积累的习惯

通过浏览设计类专业网站培养美感，从微博关注的 PPT "大神"那里发现新奇技能，从微信朋友圈中学习配图技巧，从无聊时随手翻开的杂志中学习排版，从街头看到的广告牌中学习版式设计……

点滴累积起来，不仅有助于培养你的设计感，也能让你在 PPT 实战中胸有成竹、游刃有余。

图 1-21 所示的花瓣网（huaban.com）是一个收集生活方方面面灵感的网站。简单注册后，在搜索框输入关键词（如PPT），就能搜索到很多参考案例和相关的有趣内容，这比在百度中进行搜索更有针对性。类似的网站还有很多，比如图 1-22 所示的站酷网（www.zcool.com.cn）。

▲ 图 1-21　花瓣网

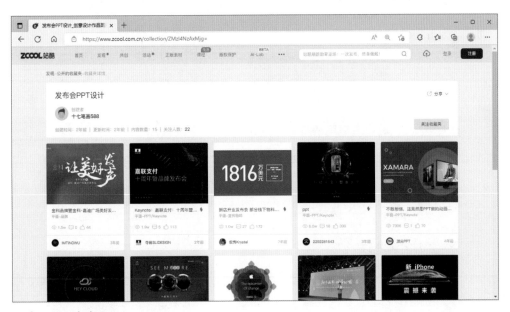

▲ 图 1-22　站酷网

微博、微信、知乎中活跃着很多 PPT 界的"大神"，如"嘉文钱""般若黑洞""Simon_阿文""旁门左道"。多关注一些"大神"的微博、微信公众号、知乎专栏，从他们发布的内容中，你能够学到很多有趣、有效的 PPT 知识，迅速提高自己制作 PPT 的水平。

在一些专业 PPT 论坛、PPT 模板网站上，还能够找到很多志同道合的学习者，很多 PPT 难题的解决方案，很多优秀的 PPT 设计方案，甚至能找到很多精美且免费的 PPT 模板，比如图 1-23 所示的

PPT 世界网（www.pptx.cn）。

除 PPT 世界网外，还有一些实用的论坛、模板网站，如锐普 PPT 网、扑奔网等。

▲ 图 1-23　PPT 世界网

▲ 图 1-24　QQ 收藏界面

用手机拍下你喜爱的一切，用 QQ 截图功能收藏网络中对你有用的一切，建立一个用于存储的云盘，分门别类，定时整理，反复回顾，将收集变成生活的一种习惯。

图 1-24 所示为 QQ 收藏的界面。QQ 收藏支持截图、图片、文字、语音等多种类型文件的收藏。打开 QQ 即可收藏、查看，还能在手机端和计算机端同步内容，非常方便。利用 QQ 收藏可以建立一个 PPT 灵感库。平时留心收藏，真正做 PPT 时就不会那么被动了。

1.4.3　需要一点小纠结

纠结，是一种不满足，不满足于差不多，不满足于雷同，进而不断地追求完美。学设计需要有一定的纠结精神，学 PPT 也一样。微调一下，再微调一下……带着一点纠结和自己较劲，直至作品让自己满意。

1.4.4　像玩游戏一样享受 PPT

PPT 像计算机游戏一样，也能给用户带来操作的快感。在 PPT 中，很多操作能通过键盘来完成。尝试着像记忆游戏快捷键一样，牢记表 1-1 和表 1-2 所示的 PPT 快捷键，接下来每一次做 PPT 都会是一场酣畅淋漓的享受。

表1-1　编辑状态下 PowerPoint 2021 常用快捷键

快捷键	功能	快捷键	功能
Ctrl+L	文本框/表格内左对齐	Ctrl+Shift+<	缩小选中字号
Ctrl+E	文本框/表格内中对齐	Ctrl+Shift+>	放大选中字号
Ctrl+R	文本框/表格内右对齐	Ctrl+光标	向相应光标方向微移
Ctrl+G	将选中元素组合	Alt+→/←	选定元素顺、逆时针旋转
Ctrl+Shift+G	将选中组合取消组合	Shift+光标	选定文本框或形状横/纵向变化
Ctrl+滚轮	放大/缩小编辑窗口	Ctrl+M	新建幻灯片页
Ctrl+Z/Y	撤销/恢复操作	Ctrl+N	新建新的演示文稿
Shift+F3	切换选中英文的大小写	Alt+F10	打开/关闭选择窗格
Shift+F9	打开/关闭网格线	Alt+F9	打开/关闭参考线
F5	从第一页开始放映	Shift+F5	从当前窗口所在页放映
Ctrl+D	复制一个选中的形状	F4	重复上一步操作
Ctrl+F1	打开/关闭功能区	F2	选中当前文本框中的所有内容
Ctrl+Shift+C	复制选中元素的属性	Ctrl+Shift+V	粘贴复制的属性至选中元素
Ctrl+C	复制	Ctrl+Alt+V	选择性粘贴

表1-2　放映状态下 PowerPoint 2021 常用快捷键

快捷键	功能	快捷键	功能
W	切换到纯白色屏幕	B	切换到纯黑色屏幕
S	停止自动播放（再按一次继续）	Esc	立即结束播放
Ctrl+H	隐藏鼠标指针	Ctrl+A	显示鼠标指针
Ctrl+P	鼠标变成画笔	Ctrl+E	鼠标变成橡皮擦
Ctrl+M	绘制的笔迹隐藏/显示	数字+Enter	直接跳转到数字相应页

技能拓展 ＞　自定义更多快捷键

　　选择"文件"→"选项"命令，在打开的对话框中选择"快速访问工具栏"选项，然后将自己常用的一些按钮添加在 PPT 窗口左上方。添加后，只需依次单击【Alt+数字】组合键（注意：是快速依次单击，而不是同时按下），即可快速使用相应的功能按钮。笔者的快速访问工具栏按钮如下，供读者朋友参考。

❶	❷	❸	❹	❺	❻	❼	❽	❾	❿	⓫	⓬	⓭
顶端对齐	底端对齐	左对齐	右对齐	水平居中	垂直居中	置于最顶	置于最底	插入图片	纵向分布	横向分布	水平翻转	垂直翻转

事实上，按下【Alt】键之后，PPT界面选项卡许多功能按钮均会出现一些英文字符，有些是单个英文，有些是多个，此时按下相应的键盘按钮即可实现相应功能。例如：依次按下【Alt】+【G】+【F】即可打开幻灯片背景设置窗格。

1.4.5　大量地动手做

其实生活中很多技能的获得都没有神秘的法门，多练、多用即能成师。学习PPT 也一样，如果你的工作需要经常用PPT，尝试认真地面对每一次做PPT 的任务，每一次都做全新的排版，做一份更多页面的PPT，很快你就会强大起来。

1.5　为什么要学习新版本的 PPT？

很多人习惯了使用老版本的软件，非常抵触新版本。其实，相对于老版本软件来说，新版本软件更具优势，因为新版本除了拥有更简洁、易用的操作界面外，还具有很多新功能，可以帮助我们更快更好地制作出优秀的PPT，这是老版本软件所无法比拟的。

1.5.1　更丰富的素材库，极大提升 PPT 制作效率

制作 PPT时往往需要借助图标、图片等素材来辅助文字内容，从而达到更好的演讲、沟通效果。自PowerPoint 2019开始，PPT软件加入了图片、图标、插图、3D模型等在线素材库功能，只需在PPT软件窗口内即可完成这类素材的搜索、插入和编辑操作，一站式解决找素材的烦恼，大大提升PPT制作效率，让你可以快速完成相关工作，不再因为PPT遭受加班之苦。

图 1-25 所 示 是 PowerPoint 2021 中的插画类素材库，可以通过上方搜索框更快速地找到符合自己需要的插画。可以看到，图像、图标、人像抠图、视频等类型的素材也集成在这个素材库窗口中，各个类别下都有丰富的素材，切换搜索也十分便捷。

图 1-26 是 3D 模型类素材库，在 PPT 中插入 3D 模型后，还可以使用鼠标拖动，改变3D模型的大小与呈现角度，为3D模型添加特

▲ 图 1-25　PowerPoint 2021 插图库

有的动画效果等，从而满足更加多元化的 PPT 内容创作需要，且实现令人惊叹的视觉效果。

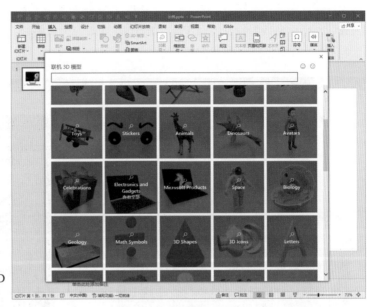

▶ 图 1-26　PowerPoint 2021 3D
模型库

图 1-27 是 PowerPoint 3D 模型素材库中的"宇航员"素材，当我们对其添加动画效果时，会发现除了常规的动画动作之外，还有 4 个"三维"动作和 4 个预设的场景动作（不同的 3D 模型素材场景动作不同），这让我们在 PPT 中便可以轻松地制作出看起来十分复杂的动画效果。

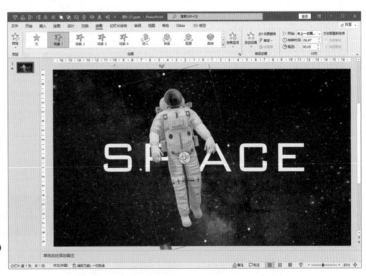

▶ 图 1-27　PowerPoint 2021 3D
模型库"宇航员"

1.5.2　更强的"绘图"功能，让你轻松做出更个性化的页面

移动互联网时代下，内容与用户进行交互成为一种常态。在 PowerPoint 2019 中，加入了"笔"选项卡，让我们得以用鼠标或在触屏设备中用手指、触控笔，在幻灯片页面中进行书写、绘画创作，从而扩展 PPT 个性化创作能力。在 PowerPoint 2021 中，"笔"进一步扩展提升为"绘图"，增强了书写、绘画的能力，如图 1-28 所示。钢笔、马克笔、彩绘笔、铅笔、橡皮擦，还有可以随意调整角度绘制

直线的标尺，在触屏设备中使用触控笔操作这些工具，你几乎能像在专业绘图软件中一样，在PPT中尽情作画，挥洒创意，创作出个性化更强的幻灯片页面。另外，在PPT页面中绘制的作品还可以单独导出为JPG、PNG格式图片，以及SVG、EMF等格式的矢量图片。因此，就算是专业的绘画、设计创作也能够用PPT来完成，如图1-29所示。

▲ 图1-28　PowerPoint 2021 "绘图" 界面

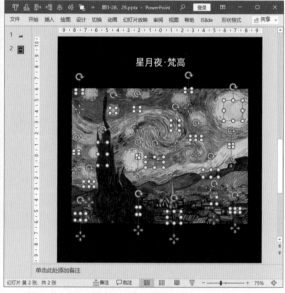

▲ 图1-29　PowerPoint 2021 中绘制的名画

在PowerPoint 2021 "绘图" 选项卡下还提供了 "墨迹重播" 功能，用于重现绘图的过程。在制作教学课件等相关类型的PPT时，相较于对逐个元素添加动画效果，使用 "墨迹重播" 功能，能够让某些公式演算、结构绘图的过程更简便、直观地呈现出来，达到更好的教学效果。图1-30所示是关于房屋结构的绘图墨迹重播。

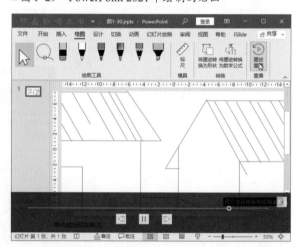

▲ 图1-30　房屋结构的墨迹重播

1.5.3　更方便的 "录制" 功能，让网课录制变得简单

近年来，"上网课" "视频教学" 等授课或讲座形式频率大增，录制视频课程逐渐成为职场人必备的技能。在录制视频课程时，很多人往往是通过安装使用第三方录屏软件来完成，而自PowerPoint 2019版本开始，PPT中内置了更方便的 "录制" 功能，录制视频课程不用借助其他软件即可完成。当我们打开课件后，依次单击 "幻灯片放映" "录制" "从头开始"，便进入了 "录制" 界面，单击上方红色的 "录制" 按钮，即可开始录制讲课，你的视频画面（若有摄像头）、讲解声音都将同步进行录制。同时，"录制" 界面下还提供了笔、荧光笔、激光笔等工具，方便对某些页面内容进行标记、圈注、指点等。录制完成最后一页内容后，退出 "录

制"界面，将PPT导出为视频，即可将刚刚录制好的内容发布或分享出去。PPT"录制"界面如图1-31所示。

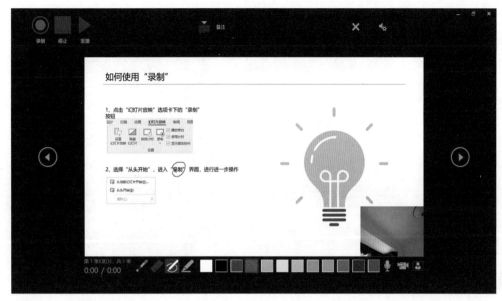

▲ 图1-31 "录制"界面

1.5.4 更多元的"导出"选择，满足各种类型 PPT 作品的创作需求

随着版本的升级，PPT可创作的内容类型越来越广泛。除了另存绘图、幻灯片页面等平面作品为JPG、EMF等多种格式静态图片文件外，自PowerPoint 2019开始，PPT在原来支持导出2k视频基础上，进一步升级，现可导出4k高清视频，更好地满足当下短视频时代使用PPT来创作各种视频内容的需求，如图1-32所示。

此外，在PowerPoint 2021中，PPT还新增支持导出"特大""大""中等""小"四个级别画质的GIF格式动图，使得动图创作也变得更简单了，如图1-33所示。

▲ 图1-32 PowerPoint 2021导出"视频"界面 　　▲ 图1-33 PowerPoint 2021导出"动图GIF"图片界面

上篇

思维——学好 PPT，想法是关键

Chapter 02

完成 PPT 最快的方法是别太快

且慢！

把要求搞清楚，把内容理清楚，

不是特别急的情况，做 PPT 都应该想清楚了再动手。

这边做，那边改，边写文字边设计，效率不高还影响心情，痛苦！

2.1 你对要求真的清楚了吗？

好的 PPT 不仅能让制作者自己满意，也要让观众满意。通过充分的沟通，摸清楚领导、客户、观众的需求，才能做出一份令大家都满意的 PPT。

2.1.1 PPT 之外，不可不知的事情

很多人一接到制作 PPT 的任务，闷头就做，最后的结果是不停地改、改、改！其实在接到制作 PPT 的任务后，很多 PPT 之外的事情必须先弄清楚，如 PPT 的观众、放映的场地、放映的时间、屏幕尺寸等，这样制作出来的 PPT 才能符合需求。

1. 观众是谁？

一份 PPT 是否优秀，极大程度上取决于观众是否满意。如果连观众是谁都不确定，怎么可能制作出符合要求的 PPT。所以，在制作 PPT 之前，一定要搞清楚 PPT 的观众，通过分析一些相关问题（见图 2-1）来准确把握观众，这样制作的 PPT 才更具说服力。

▲ 图 2-1 准确把握观众

2. 在哪里放映？

关于正在设计的 PPT，你是否提前了解过它的放映环境？在确定屏幕尺寸、时长限制等条件之前盲目开始设计，最后很可能要遭遇大返工。关于 PPT 播放的环境，你可能需要了解下面 5 个方面的情况。

（1）硬件，包含播放的硬件和显示的硬件。

播放硬件：播放时是否允许连接自己的设备播放？若不允许，那么用来播放 PPT 的那台设备是否支持自己的 PPT 文件格式，能否将自己设计的艺术效果、动画都完整显示？

显示硬件：是用投影仪播放还是用显示屏播放？若是用投影仪播放，是投在白色投影布上还是投在墙面上？这对于 PPT 的配色方案的选择有重要影响。平板电脑、电视、计算机等显示屏显示的颜色一般不会有太大偏差，而投影仪显示时某些色彩可能会变得偏浅，甚至不清楚，投影在带颜色的墙面上时也可能发生变化。

（2）播放场地。播放时是关闭光源还是只能在明亮的室内播放？现场是否支持声音的播放？这对 PPT 背景色彩的选择、多媒体的应用等有直接的影响。在黑暗的环境下播放 PPT，什么样的背景颜色能令幻灯片的内容比较清楚；而在明亮的环境下，如果用白色、浅色的背景，则有可能导致 PPT 播放效果完全"走样"。黑暗的室内，选用深色的背景、亮色的文字或图片会比较合适，这也是很多科技公司在发布会上播放 PPT 时喜欢用黑色或深色背景的原因，如图 2-2 所示和图 2-3 所示。

▲ 图2-2　苹果发布会常用的黑色背景　　　　▲ 图2-3　小米发布会的渐变深蓝色背景

技能拓展 ▷　根据投影环境选择幻灯片背景

　　白天在小会议室开会，PPT 需要投影在白色的墙面上时，建议用白色的背景。因为白色的背景投出来会非常亮，投放区域与墙面很容易区分出来，更有气氛一些。最好不要用黑色或灰色的背景，这两种颜色投放出来后只能看到墙面的颜色，文字几乎是打在墙面上的，显得非常奇怪。

　　（3）屏幕尺寸比例：屏幕尺寸比例是4:3，还是16:9，抑或是一个非常特殊的比例？新建PPT 之后第一件要考虑的事情不是封面怎么做，而是幻灯片页面大小设置为多少。图2-4 所示为特殊的幻灯片尺寸。关于幻灯片的尺寸，可以在"幻灯片大小"对话框中，通过"自定义"或直接选择已有尺寸进行设置，如图2-5 所示。

 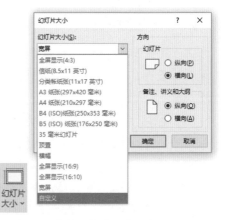

▲ 图2-4　华为开发者大会2021 屏幕尺寸
比常见的16:9 屏幕长度更长

▲ 图2-5　自定义或选取默认大小

大师点拨 ▷　修改幻灯片尺寸时，"最大化"和"确保合适"是什么意思？

　　当我们修改一份PPT文件的幻灯片页面尺寸时，会弹出提示对话框，询问选择"最大化"还是"确保合适"，这里的"最大化"是指幻灯片页面调整后，页面上的图片、文字等对象的大小不发生改变，仍然保持调整页面尺寸之前的设置；而"确保合适"则是指页面上的对象大小和幻灯片尺寸一起变化，幻灯片尺寸若是进行缩小调整，则这些对象也相应缩小，幻灯片尺寸若是进行放大调整，这些对象就相应放大。

（4）演讲者。你制作的 PPT 最终是配合演讲手动播放还是展台自动放映？若配合演讲，那么是由自己讲述还是由领导、同事讲述？这些关系到内容、备注等对象的设计。

（5）时间限制。正式演示时，是否有时长限制？到底要做多少页幻灯片合适？只有确定了时间要求，制作 PPT 时心里才有数。

2.1.2　内容的方向性判定

设计 PPT 前，须先规划、撰写好内容。而在准备 PPT 内容之前，则须对其内容方向有一个大概的认识，避免离题千里，出现方向性失误。该有的内容要有，该作为重点的内容要重点阐述，领导明确要求提及的要点更应该有……关于内容的方向，可通过默问如下问题来把握。

方案：是概念性，还是务实性？

对于方案型 PPT，做之前应确定是做一个初步的概念性的方案，还是做一个需要提出具体操作步骤的务实性的、可执行的方案。对问题的分析需要达到什么样的程度，是否需要涉及可供调配的资源情况……事实上，很多时候可执行的方案都是经过多次提案、沟通碰撞后的结果，而不只是单方面（一个单位或一个机构）、单次思考便可以得到的成果。图 2-6 所示为一个概念性方案，只是对该城市的形象包装提出了一些初步的想法并提交给相关单位参考；图 2-7 所示为一个务实性方案，方案内有详细的执行步骤、人员分工、媒体计划，以及整个推广所需的总费用清单。

▲ 图 2-6　概念性方案 PPT　　　　　　　　　　▲ 图 2-7　务实性方案 PPT

汇报：重点在调研成果还是执行策略？

调研活动后的汇报 PPT，有时也需要考虑内容的侧重点，是只涉及调研的成果、阐述现象，还是需要基于调研成果得出解决策略，图 2-8 所示为一份纯粹的调研成果汇报 PPT。

课件：哪些内容一笔带过，哪些内容详加论述？

课件 PPT 是备课的工具。准备课件 PPT 的内容时应明确这一课的内容中哪些是学生真正难以理解、需要重点论述的，哪些是所有学生都容易理解、可以一笔带过的，从而控制课件各部分内容的篇幅。图 2-9 所示为 CorelDraw 教学课件，在整节课的 4 个部分中，CorelDRAW X8 的软件界面不是教学的难点，所以篇幅相对要少一些。

▲ 图 2-8　调研结果汇报PPT

▲ 图 2-9　CorelDRAW教学课件PPT

展示：价值点是什么，兴趣点是什么？

制作品牌或产品展示类PPT 时，应充分了解本体的核心价值点，同时也需要充分了解观众的兴趣点、关注点，最好在满足观众兴趣的基础上输出价值，如图2-10所示。

▶ 图 2-10　中信地产品牌价值宣传PPT

2.1.3　设计风格的确定

风格，即一份PPT 整体呈现出来的风貌——是严肃的还是轻松的？是热烈的还是冷静的？是树立品牌的感觉还是促销产品的感觉？在看到最终作品前，其实领导和客户对于 PPT 的风格可能会有一些模糊的想法，设计 PPT 前应该摸清楚他们的这些想法。此外，设计风格的最终确定还应考虑下面两个问题。

1. 行业的视觉规范是什么？

不同行业有不同的色彩、字体等应用规范，最终会形成专属的视觉识别系统。因而某些设计，人们一看到就能判定其大致属于何种行业。比如，党政机关的设计通常使用红色、白色、黄色的搭配，如图2-11所示；环保组织、医疗机构多用绿色，如图2-12所示；企业多用蓝色……在设计PPT前可能还需要了解自己做的这份PPT是否要兼顾行业的视觉规范，如果要兼顾则应运用符合这种视觉规范的色彩搭配。

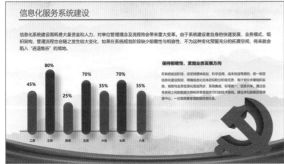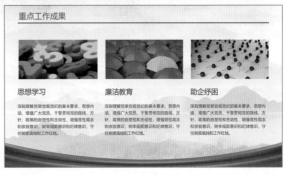

▲ 图 2-11　党政机关类 PPT

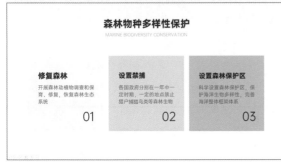

▲ 图 2-12　环保类 PPT

2. 是否必须使用企业模板？

不少企业都有自己专属的 PPT 模板（见图 2-13），甚至规定该企业出品的所有 PPT 作品都应该使用企业自己的模板来设计。若必须使用企业模板，就不必再为 PPT 单独设计模板了。

▲ 图 2-13　国家电网公司 PPT 模板

2.2　创意内容实用的思维方法

　　设计 PPT 的最终目的是辅助演讲、表达内容。有想法、有创意的内容才更能感染、打动观众。很多时候，我们做 PPT 不是为设计发愁，而是苦于没有好的点子、没有思路，做不出好的内容。其实无论什么样的工作、事情，都不是"闭门造车"就能有想法、出创意的。问题来源于生活，办法同样来源于生活，来源于对事实的充分了解，来源于足够丰富的经验累积。因此，真正的好内容必须从实践中发现，在工作中用心积累。

　　当然，一些好的思维方法也确实能够帮助我们梳理思路，提升我们思考的效率。下面介绍 4 种实用的思维方法。

2.2.1　头脑风暴

　　头脑风暴法，即团队成员聚在一起，围绕一个问题随意发挥，提出自己的想法。头脑风暴过程中不强制每一位成员必须提出想法，有则发言，没有则不发言，只要有思考的过程即可。想法提出后也不要马上评价是否可行、是否合适，不要对想法的质量进行人为设限。

　　在相对自由的气氛中尽可能挖掘更多数量的想法（无领导参与，效果往往更佳）。头脑风暴结束后，由决策者从中选择最合适的想法。

　　个人的思考也可以用头脑风暴法。首先设置一段时间为头脑风暴时间，然后对着一张白纸随意地冥想（有时候对着计算机没办法思考，提起笔来却能思如泉涌），并将每一个想法写在白纸上。同样，不用管每一个想法是否合理，尽可能多地写下所有能想到的想法，待风暴时间结束后再整理这些想法，如图 2-14 所示。

▲ 图 2-14　头脑风暴示例

2.2.2 逆向思维

逆向思维法，即直接从目标入手，逆向倒推实现目标各种可能的过程，最终从中找到最合适的方法。如图 2-15 所示，首先确定最终目标为让"学生不在课堂使用手机"；其次逆向想象如果学生不在课堂上使用手机可能发生的情况（这里有两种可能）：听课更专注和可以坚持一个学期不在课堂上使用手机。最终得到可以在暗恋对象心

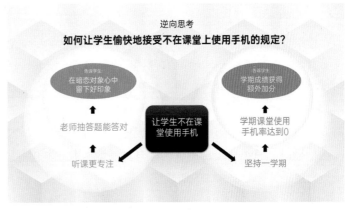

▲ 图 2-15　逆向思考示例

中留下好印象，以及可以在学期成绩中获得额外加分两种让学生愉快并能接受不在课堂使用手机这一规定的较好理由，从中选择最合适的即可。

2.2.3 金字塔原理

金字塔原理是麦肯锡国际管理咨询机构的咨询顾问芭芭拉·明托发明的一种提高写作和思维能力的思维模型。这种思维模型的基本结构为：结论先行，上统领下，归类分组，逻辑递进。先主要后次要，先总结后具体，先框架后细节，先结论后原因，先结果后过程，先论点后论据，最终将凌乱的思维有序组织起来，形成一个如同金字塔般的结构。

在设计 PPT 的内容时，用上述原理来梳理我们的思路、指导我们思考的过程，我们在分析问题时会更加深入，最终形成的 PPT 文案内容逻辑性也会更强。

例如，思考"如何提高微店的访问量"这个问题。解决这一问题可以从两方面着手：一是通过更广泛的宣传，让更大基数的人群看到店铺的链接、店铺名片；二是通过有效宣传提高店铺的链接、店铺名片的单击访问的概率。那么，应该如何实现更广泛的宣传呢？往下我们又可以思考，比如，在自己的朋友圈刷屏、参加微店平台的推广活动、投放各种网络媒体广告等。同理，如何实现有效宣传呢？

也可以向下思考，比如，做足够刺激的促销活动，结合时事、创意、话题性强的文案，请懂设计的朋友帮忙设计吸引人的广告画面等，如图 2-16 所示。就这样，我们便可以针对该问题进行相对严谨、深入的思考。在用 PPT 对这一系列思考进行表达时，既可以从上至下，先总后分，也可以从下至上，先分后总，根据具体情况选择更容易理解或更有创意的表达方式。

▲ 图 2-16　金字塔原理思考示例

2.2.4　思维导图

思维导图是通过图文并茂的方式表现各个思考中心的层级关系，建立记忆链接的一种思维工具。

自由发散联想是人类大脑的自然思考方式，每一种进入大脑的资料，不论是感觉、记忆或是想法，包括文字、数字、气味、食物、颜色、意象、节奏等，都可以成为一个思考中心，并向外发散出成千上万个节点，每一个节点代表与中心主题的一个连接，而每一个连接又可以成为另一个中心主题，再向外发散出成千上万个节点，呈现出放射性立体结构。这些节点的连接可以被视为人的记忆，即大脑数据库。思维导图正是将这种自由发散的联想具体化，让思维可视化的工具，它能够帮助我们进行有效思考，激发我们的创造性。

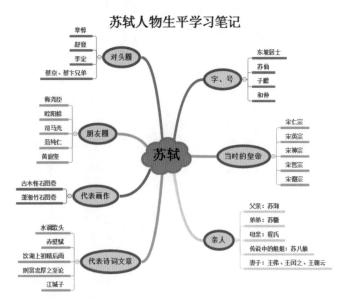

▲ 图2-17　思维导图思考示例

看书时，我们可以用思维导图来做笔记，以加深记忆，如图2-17所示；教学时，可以用思维导图来备课；写文章时，可以用思维导图快速勾勒大纲。在职场中，很多企业都会针对如何使用思维导图进行培训，以提升员工的思维能力。

制作思维导图的软件有很多，如XMind、MindManager、iMindMap等，操作界面大同小异。使用软件绘制思维导图会更方便，例如，我们使用思维导图思考"如何做一个文艺风格的PPT"，大致可以得到如图2-18所示的思维导图。

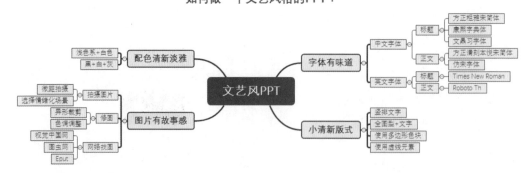

▲ 图2-18　制作文艺风格PPT的思维导图

在撰写PPT的文案时，能帮助我们更高效地构思出更多创意内容的思维方法还有很多。例如，经济学、管理学大师大前研一，被《金融时报》誉为"日本仅有的一位极为成功的管理学宗师"，他的《思考的技术》是一部专门探讨思考方法与技巧的著作，其中提出了切换思考路径、逻辑打动人心、洞悉本质、非线性思考、让构想大量涌现等思考术，值得一读。

技能拓展 ▷ **构思 PPT 文案时的两点心得**

　　1. 对于大多数的普通人而言，做策划方案不必过于强求惊人、奇特的创意，有时候把常规的事情做好，将每一个环节的细节落实到位或许就是一个好方案；2. 为了修改、查看更方便，构思文案的阶段可以先在 TXT、Word 中编辑，形成草稿，不建议直接在 PPT 中编辑文字内容。

2.3　三种经典的内容组织方式

　　恰当的内容组织方式能够让 PPT 的内容更容易被理解与接受，且便于演讲者讲述。和写文章一样，把 PPT 各部分内容组织、串联起来的方式不拘一格，下面介绍 3 种经典方式。

2.3.1　事由逻辑

　　事由逻辑即以所讲述的事情本身的逻辑为线索组织内容。比如，制定市场营销策划方案时，一般先阐述现象，如销售现状、市场情况等，再分析问题，找出营销难点，继而针对问题提出营销对策，最后按照对策提出的一系列可执行的动作进行活动安排，并做好经费预算，如图 2-19 所示。

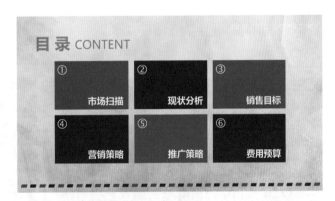

▲ 图 2-19　事由逻辑组织方式示例

2.3.2　象征类比

　　以一个象征性的故事开场，进而将整个 PPT 的内容都包装在这个故事之下。整个 PPT 都在围绕最开始的故事展开，最终又由最初故事的结局导出整个 PPT 的核心观点。相对而言，这种内容组织方式轻松、有趣，又不失说服力，即便是严谨的方案都可采用。

　　比如，卓创广告的《路劲·城市主场营销创意报告》便是结合当时科比退役的网络热点，类比科比的主场精神，将整个方案与科比的成功之道紧密结合，非常有新意，如图 2-20、图 2-21 和图 2-22 所示。

▲ 图 2-20　《路劲·城市主场营销创意报告》PPT 第 1 页

▲ 图 2-21 《路劲·城市主场营销创意报告》
PPT 第 12 页

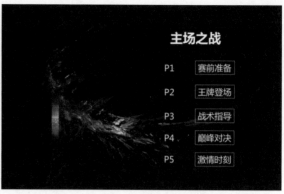

▲ 图 2-22 《路劲·城市主场营销创意报告》
PPT 目录页

2.3.3 形散而神聚

随心所欲地讲述一些看似零散的点，每一个点的论述看起来没有太大的联系，却都与主题相关。比如，个人的年终工作总结采用这种方式，以关键词或某些能勾起回忆的图片，又或某个同事说过的某句话来贯穿回顾过去的一年，最终，这些零散的点连接起来就构成了个人对过去一年的回顾。比起对工作内容的呆板叙述，这种总结方式简单又不失新意，如图 2-23 所示和图 2-24 所示。

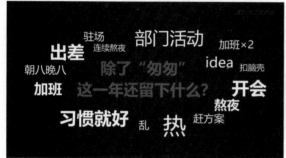

▲ 图 2-23 《2024 年工作总结》PPT 第 1 页

▲ 图 2-24 《2024 年工作总结》PPT 第 2 页

2.4 PPT 化繁为简"三板斧"

PPT 以简洁为美，一页 PPT 的内容不宜太多。在准备 PPT 的文字内容时，如何化繁为简？主要应把握"删""缩""拆"3 个原则。

2.4.1 删

与该页幻灯片主题无关的内容，删！引申的多余内容，删！可说可不说的内容，删！"的"字能不要就不要，标点符号可用空格代替，观众都明白的主语可略去……只要不造成阅读歧义、理解偏差，该删就删。如图 2-25 所示的内容，删减之后，标题字号可以更大，正文内容可以更简洁，如图 2-26 所示。

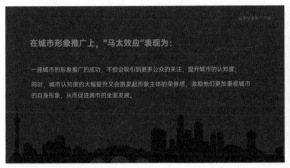

▲ 图2-25　删简前

▲ 图2-26　删简后

2.4.2　缩

根据文意精练语言，尝试用最少的文字表达原意。某些能够转换为符号的内容，最好以符号形式呈现，如占比情况；某些能够转换为图形的内容，最好以图形形式呈现，如流程介绍。总之，要想方设法缩减页面上的文字。图2-27所示的数据转换为图形后，数据重点突出，也没有了文字堆砌的感觉，效果如图2-28所示。

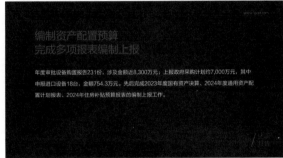

▲ 图2-27　缩简前

▲ 图2-28　缩简后

2.4.3　拆

没有办法删除且不得不讲述的内容，你试过将其拆分在多个幻灯片页面中表达吗？幻灯片页面数量是无限制的，没有必要将所有的内容都堆砌在一个页面上。此外，还可以将一些并不那么重要的内容拆分到该页幻灯片的备注中，在演讲时使用演示者视图，并口头表达这部分内容即可。如图2-29所示的这页幻灯片，其内容非常多，导致字号较小，不便于观看，且给观众一种严重的压抑感。将其拆

▲ 图2-29　拆简前

分为4页，并将案例内容放在备注中，这样页面即可变得清爽、简洁，如图2-30至图2-33所示。

▲ 图2-30　拆简后1

▲ 图2-31　拆简后2

▲ 图2-32　拆简后3

▲ 图2-33　拆简后4

神器 1：思维导图好工具——XMind

本章的2.2.4节中讲解了思维导图是一种比较实用的思维方法，在制作PPT前，读者朋友可以通过思维导图将PPT中要表现的内容、布局及要采用的方式等罗列出来，以厘清PPT的整个框架。网上有很多制作思维导图的软件，其中XMind这款思维导图制作软件，简单易学，对于初学者非常实用。思维导图主要由中心主题、主题、子主题等模块构成，通过这些导图模块可以快速创建需要的思维导图。例如，在XMind中创建工作总结汇报PPT的框架，具体操作步骤如下。

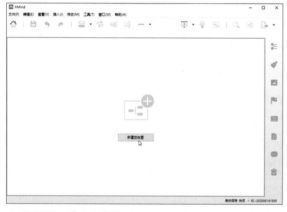

▲ 图2-34　新建空白图

步骤 **01** 在计算机中安装并启动XMind软件，在编辑区中单击"新建空白图"按钮，如图2-34所示。

步骤 02 新建一个空白导图，导图中间会出现中心主题，双击即可输入要创建的导图项目的名称，这里输入"年终工作汇报"。按【Enter】键新建一个分支主题，双击后输入分支主题内容。选择分支主题，然后单击菜单栏中的"主题"按钮，在弹出的下拉列表中选择"主题"命令，如图 2-35 所示。

步骤 03 新建一个子主题后，双击输入子主题内容，然后按【Enter】键新建更多子主题，并输入子主题的内容。选择"年终工作概述"分支主题，单击菜单栏中的"主题"按钮，在弹出的下拉列表中选择"主题（之后）（默认）"命令，如图 2-36 所示。

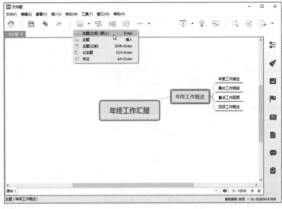

▲ 图 2-35　选择"主题"命令　　　　　　　　▲ 图 2-36　选择"主题（之后）（默认）"命令

步骤 04 在新建的主题中输入内容，然后使用新建子主题和主题的方法完成思维导图的制作，完成后的效果如图 2-37 所示。

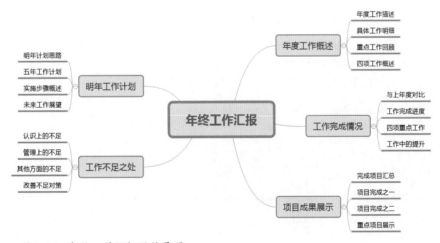

▲ 图 2-37　年终工作汇报思维导图

中篇

技术——手段硬效率高

Chapter

03

让文字更令人
有阅读欲

　　为什么有的人用 PPT 软件也能做
出富有设计感的文字?

　　为什么有的 PPT 通篇都是文字,
美感却不亚于插图 PPT?

　　同样是寥寥几行字,为什么别人
的 PPT 就是比你的好看?

　　尽管观点独特,可是为什么没有
人愿意看你的文字?

　　本章会解决你的疑惑,让你的文
字看起来更美。

3.1 字体贵在精而不在多

选择不同的字体、应用不同的字体搭配方案，能够让PPT呈现出丰富多样的效果。在互联网中可以找到海量的字体，下载安装后，打开PPT，在字体下拉列表中选择相应的字体（见图3-1），即可将其应用至当前选中的文字，非常便捷。然而，安装过多的字体会造成软件载入慢、操作卡顿等问题。我们常用的字体并不多，选择和掌握一些优秀字体的用法对于PPT设计其实就已足够。

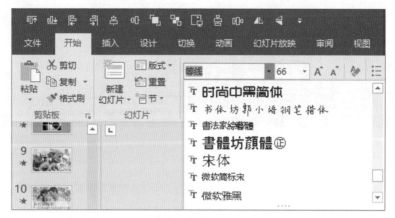

▲ 图3-1 在"字体"下拉列表中选择字体

3.1.1 字体选用的两大原则

简洁、极简、扁平化（去掉多余的装饰，让信息本身作为核心凸显出来的设计理念）的风格符合当下大众的审美标准，在手机UI、网页设计、包装设计等诸多行业设计领域，这类风格很受欢迎。在本就崇尚简洁的PPT设计中，这类风格更是一种时尚，如图3-2至图3-4所示。这样的风格也使PPT设计在字体选择上趋于简洁。

▲ 图3-2 中兴Axon40系列发布会PPT采用了纤细、简洁的字体

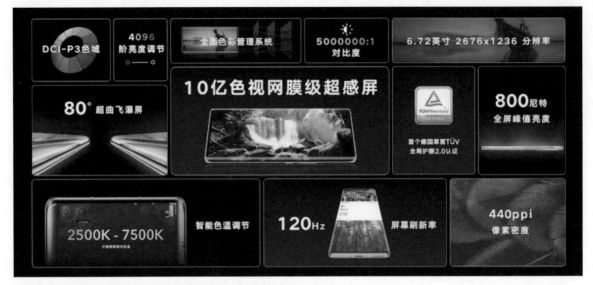

▲ 图 3-3　荣耀 V40 发布会 PPT 采用了粗壮、简洁的字体

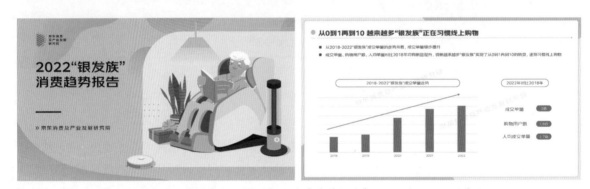

▲ 图 3-4　京东消费及产业发展研究院《2022 "银发族" 消费趋势报告》PPT 只使用了一种字体

1. 选无衬线字体

　　传统中文印刷中字体可分为衬线字体和无衬线字体两种，这两个概念最早来源于西方国家。衬线字体（Serif）是指在字的笔画开始、结束的地方有额外的装饰，而且笔画的粗细会有所不同的一类字体，如宋体、Times New Roman；无衬线字体是指没有这些额外的装饰，而且笔画的粗细基本一致的一类字体，如微软雅黑、Arial，如图 3-5 所示。

▲ 图 3-5　有衬线字体与无衬线字体

　　传统的印刷设计中，一般认为衬线字体的衬线能够增加读者阅读时对字符的视觉参照，相对于无衬线字体，衬线字体具有更好的可读性。因此正文的字体多选择衬线字体。无衬线字体被认为更轻松、具有艺术感，多用于标题、较短的文字段落、通俗读物中。

　　然而，在作为投影播放的 PPT 中，无衬线字体由于粗细较为一致、无过细的笔锋、整饬干净，显示效果往往比衬线字体好，尤其是在远距离观看状态下，如图3-6所示。因此，在设计PPT时，无论是标题还是正文，都应尽量使用无衬线字体。

▲ 图3-6　色彩搭配、字号相同的情况下，无衬线字体幻灯片（左）与衬线字体幻灯片（右）的对比

2. 选拓展字体

系统和软件一般会提供一些预置的字体，如Windows 11操作系统自带的微软雅黑字体，Office 2021自带的等线字体等。由于这些系统、软件使用广泛，它们自带的字体也比较普遍。因此在做设计时，使用预置的字体往往会显得比较普通，难以让人有眼前一亮的新鲜感。此时，我们可以通过网络下载一些独特、美观的字体，这里推荐几种。

（1）苹方黑体：苹果公司官方出品的中文字体，类似微软公司的微软雅黑字体。无论是简洁风格页面，还是大段文字内容的页面，都能确保清晰、易读，视觉上清爽、明朗，给人一种高级感，非常适合企业品牌形象、方案或计划、产品发布等类型的PPT使用，如图3-7所示。

另外，苹方黑体在数字和标点符号的呈现效果上比微软雅黑更优秀。如图3-8所示，苹方黑体在2、3、6等有弧度的数字呈现上，看起来比微软雅黑更圆润，在逗号、引号的呈现上，也更符合印刷品中的中文标点符号特点。

▲ 图3-7　苹方黑体页面　　　　　　　　▲ 图3-8　苹方黑体与微软雅黑字体对比

苹方黑体按笔画粗细程度还分成了特粗、粗体、常规、中等、细体、特细六种，既可以用于标题，也可用于正文，放在表格内、图片或图形里，效果也都不错，能适应各种排版需求。即使只用苹方黑体这一种字体，也能轻松做出一整份充满高级感的PPT，如图3-9所示。

▲图 3-9　使用苹方黑体制作的 PPT（节选）

（2）OPPOSans、阿里巴巴普惠字体：如果不喜欢苹方黑体，或系统出现无法安装这款字体的问题，还可以用 OPPOSans、阿里巴巴普惠字体替代。这两款字体具有和苹方黑体类似的素质，且无版权限制。

▲图 3-10　OPPOSans（M）字体　　　　　　　▲图 3-11　阿里巴巴普惠字体

（3）庞门正道标题体：从字体名称上即可看出，这是专为标题设计的一款字体，字形方正，笔画粗壮有力，无论是单色还是渐变色的填色效果都十分不错，能够很鲜明地将标题与正文区别开来，达到引人注目的效果，用在科技类 PPT 的中效果十分不错，如图 3-12 所示。

▲图 3-12　庞门正道标题体制作的 PPT 页面

与庞门正道标题体类似的还有锐字真言体、优设标题黑体，效果也都十分不错，大家也可以安装起来，作为备选。

（4）字体圈欣意冠黑体：字体圈公众号发布的一款永久免费商用的字体，字形修长，浑然天成的倾斜风格，简洁大方，应用在互联网、体育运动、调研报告等类型的PPT中效果十分不错，如图3-13、图3-14所示。

▲ 图3-13　字体圈欣意冠黑体　　　　　　▲ 图3-14　字体圈欣意冠黑体

（5）方正特雅宋简体：虽然衬线字体在投影演示中效果常常不如无衬线字体，但是衬线字体仍然有必要适当安装一些。首先，衬线字体非常能够展现中文的独特美感，如果你需要制作中国风类型的PPT，衬线字体会让这种风格变得更加强烈。另外，在我们政府、事业单位的文件字体规范中，使用的大多是衬线字体，制作党政类型的PPT时，很可能需要使用衬线字体才符合规范。方正特雅宋简体是一款标准的衬线字体，这款字体结构饱满，笔锋鲜明，用在党政类型的PPT中作为主标题或小标题都很合适，如图3-15、图3-16所示。

▲ 图3-15　方正特雅宋简体　　　　　　▲ 图3-16　方正特雅宋简体

（6）华康俪金黑字体：这款字体融合了衬线字体和黑体特性，有衬线字体的笔画特征，也有黑体中性沉稳的效果，能与各式字体搭配呈现，实用性很强，如图3-17所示。

（7）文悦古典明朝体：这是一款取材自明代及清代早期雕版善本的字体，笔画风格的书法特征浓郁，非常适宜用于需要展现人文感、手工艺感、古朴感的相关行业PPT中，如图3-18所示。

▲图3-17　华康俪金黑字体 ▲图3-18　文悦古典明朝体

（8）文鼎习字体：这是一款PPT自带书法田字格的字体，字形显得更加端正。用在一些文化类课件PPT、文艺抒情、中国风等类型的PPT中，有一种墨香油然而生之感，如图3-19所示。

（9）汉仪天宇风行简体：略微倾斜的书法字体，笔劲雄厚，一撇一捺的笔画，更是锋芒毕露。这款字体风格可谓自成一派，特点十分鲜明。使用时，可以稍微把字距设置得更聚拢一些，效果会更佳，如图3-20所示。

▲图3-19　文鼎习字体 ▲图3-20　汉仪天宇风行简体

（10）汉仪许静行楷体：有行书的气势，又有楷体的端正美观，给人低调又张扬的感觉，如图3-21所示。

（11）汉仪尚巍手书体：这款字体笔刷同样是十分有气势，但书写风格又相对不拘一格，不是那么循规蹈矩，每一个字都有一定独特性，如图3-22所示。使用这款字体时，根据文字内容情况，稍微调整字体大小、位置等，错落一些，效果更佳。

▲图3-21　汉仪许静行楷体 ▲图3-22　汉仪尚巍手书体

在PPT中适当使用一些英文，一是能够辅助排版，解决页面空洞或单调问题，二是能够起到装饰作用，提升页面美感，带给人一种现代感、国际感。即便我们不常制作英文PPT，仍然有必要储备一些英文字体。下面再给大家推荐一些好用、美观的英文字体。

（1）Arial字体：就像微软雅黑字体一样，这是一款经典的无衬线英文字体，几乎所有计算机都有，适用性强，不必担心复制后字体缺失问题，笔画简洁，字形美观。如图3-23所示，用于目录页的英文、数字，看起来都非常不错。

（2）Times New Roman字体：这是在全世界广泛使用的一款经典衬线英文字体，在印刷文件中、商品包装上常常能够见到，和Arial字体一样，适用性较强，如图3-24所示页面。

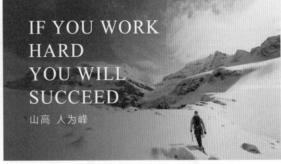

▲ 图3-23　Arial字体　　　　　　　　　　　　▲ 图3-24　Times New Roman字体

（3）Impact字体：这款字体笔画特别粗壮，字距紧凑，适合用于某些需要强调的英文内容或营造更吸引眼球的排版效果的场景，一般不建议用于正文排版的辅助性英文内容，如图3-25所示页面。

（4）Century Gothic：这是一款看起来似曾相识，却又别有一番特色的字体，字形极其简洁、干净，具有艺术美感，非常适合极简风、科技类PPT使用，图3-26所示为极简风格页面。

▲ 图3-25　Impact字体　　　　　　　　　　　▲ 图3-26　使用Century Gothic字体的极简风格页面

（5）ADAMAS字体：这款英文字体采用的是前几年非常流行Low Poly（低多边形）设计风格，每一个字母都由很多几何形状切割构成，放在PPT中能够增强页面的科技感、设计感，如图3-27所示页面。这款字体的缺点是不支持阿拉伯数字内容。

（6）FRIZON字体：这款字体字形粗壮，弧形的字母边缘十分圆润，对某些字母又进行了棱角十分考究的切割，视觉上有一种充满力量、设计整体性很强的硬派风格感，适合用于工业机械、竞技游戏、体育运动等类型的PPT中，如图3-28所示页面。

▲图3-27 ADAMAS 字体

▲图3-28 FRIZON 字体

技能拓展 ▷ 快速更换 PPT 中的某个字体

　　在 PPT 中，快速更换某个指定的字体有两种方法：一是单击"开始"选项卡下的"替换"下拉按钮，在下拉列表中选择"替换字体"命令，然后在"替换字体"对话框中进行设置；二是通过"设计"选项卡下的"变体"组中的"字体"选项，进行"自定义字体"设置。

　　（7）R&C Demo 字体：这是一款草稿风格的特色英文字体，就像设计图纸一样，保留了字体设计时的各种参考线和未完全填充色彩的字母，给人一种刚刚完工、新鲜"出炉"、完美缔造的感觉，适合用在一些上市新品、新概念展示 PPT 中，如图3-29所示页面。

　　（8）Road Rage 字体：这是一款书法英文字体，26个字母和10个阿拉伯数字均可使用，笔触真实感很强，笔画苍劲有力，字形略微倾斜，给人一种气势磅礴的感觉，当 PPT 中需要凸显精神主张、核心观点等内容时，可以增加使用该字体的英文来强化，如图3-30所示页面。

▲图3-29 R&C Demo 字体

▲图3-30 Road Rage 字体

大师点拨 ▷ 为什么我选择的字体有些文字无法显示出来？

　　某些中文字体只设计了常用的几千个汉字或特定的某些汉字，当你输入的文字在该字体的字体库中不存在时，它将显示为空白（有时是默认的宋体）。比如，选择 ADAMAS 字体时，若不切换至大写英文字母输入，则输入的文字都显示为空白。

3.1.2 四种经典字体搭配方案

优秀的PPT设计师在字体使用方面通常是十分克制的，整份PPT所用的字体通常只有两种，标题一种，正文一种。减少字体使用量既能降低排版压力，也能让PPT看起来更统一、清晰。在标题与正文字体的具体选择、搭配上，可以参考下面四种方案，提升页面设计感。

1. 同字体不同规格搭配

微软雅黑（加粗）和微软雅黑Light搭配如图3-31所示，思源黑体（粗）和思源黑体（常规）搭配图3-32所示，这样搭配简单、高效，兼容性问题少。且字体公司对同一字体的不同规格本身就经过设计，搭配出来效果一般都还不错，在时间紧迫时，尤其推荐采用这样的搭配方式。

▲ 图3-31　微软雅黑（加粗）和微软雅黑Light搭配　　▲ 图3-32　思源黑体（粗）和思源黑体（常规）搭配

2. 衬线与无衬线字体搭配

衬线字体的结构特点往往比较适合用做字数少、字号大的标题，能够快速建立页面风格调性，比如粗宋体能够带来一种人文感，富有历史、文艺的气息。字数多、字号小的内容部分则最好选择无衬线字体，确保阅读起来更清晰。图3-33所示的优设标题黑和黑体搭配，图3-34所示的方正特雅宋和苹方黑体搭配，标题与正文在视觉上的区别都十分明显，页面风格各具特点。

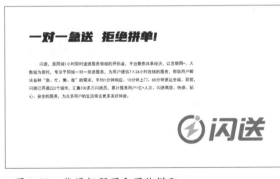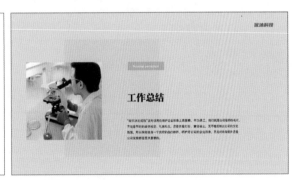

▲ 图3-33　优设标题黑和黑体搭配　　　　　　　▲ 图3-34　方正特雅宋和苹方黑体搭配

3. 特色字体与无衬线字体搭配

当需要让页面更强烈地呈现某种风格或从此前页面版式中跳脱出来时，可以在标题上应用一些特色字体并灵活排版，正文辅以无衬线字体。如图3-35所示的华康娃娃体和苹方字体搭配，和图3-36

所示文鼎习字体和微软雅黑搭配。

▲ 图 3-35　华康娃娃体和苹方字体搭配

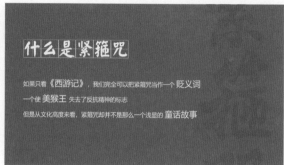

▲ 图 3-36　文鼎习字体和微软雅黑搭配

4. 中文字体与英文字体搭配

　　为了让页面更具现代感、国际感，最简单的方式或许就是在页面中混排一些英文内容。当中文与英文字体搭配时，衬线中文字体和与之美感类似的衬线英文字体搭配，如图 3-37 所示的方正悠宋和 Baskerville 搭配；无衬线中文字体和与之美感类似的无衬线英文字体搭配，如图 3-38 所示思源黑体和 Helvetica 字体搭配，字形特点更吻合，整体风格更和谐。

▲ 图 3-37　方正悠宋和 Baskerville 搭配

▲ 图 3-38　思源黑体和 Helvetica 字体搭配

技能拓展 ▷　PPT 中使用英文的技巧

　　1. 英文主要用于辅助排版，使用时切忌喧宾夺主，影响中文内容的表达，必要时可以通过增加透明度来弱化英文；2. 同一页面使用的大字号的英文不宜过多，排版时最好能结合页面的图形元素使用，形成一定的层次感，看起来更加和谐；3. 作为装饰元素的英文内容也需要适当考虑翻译时的"信、达、雅"，让 PPT 看起来更专业、美观。

3.1.3　防止字体丢失的五种方法

　　用自己的字体搭配方案设计的 PPT，到别人的计算机上投影播放，很有可能因为字体缺失变得面目全非。因为别人计算机上若没有安装你 PPT 中所采用的字体，则文字就会按别人计算机上的默认字体显示。解决这个问题有以下5种方法。

1. 将字体嵌入 PPT 文件

将字体嵌入PPT文件中，即让该PPT文件自带字体，即便在缺失字体的计算机中播放也不受影响。PowerPoint软件默认的设置中，字体不会嵌入PPT文件，若需要嵌入，则需要手动设置。

设置方法：选择"文件"→"选项"命令，打开"PowerPoint 选项"对话框，在左侧选择"保存"选项，在右侧选中"将字体嵌入文件"复选框，并选中"仅嵌入演示文稿中使用的字符"或"嵌入所有字符"单选按钮，单击"确定"按钮即可，如图3-39所示。

PPT 中使用到的某些特定字体，并不适用该方法，保存时可能会弹出"连同字体保存"对话框，提示"某些字体无法随演示文稿一起保存"，如图3-40所示。此时须用其他方法来确保PPT在其他计算机上播放时不发生字体改变。

▲ 图 3-39　嵌入字体设置

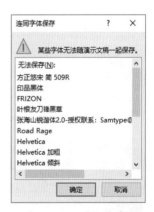

▲ 图 3-40　无法保存字体

大师点拨 ＞ 两种嵌入方式有什么区别？

"仅嵌入演示文稿中使用的字符"是指只将该字体的字体库中被你的PPT使用的那部分文字嵌入PPT中，这种方式相对而言不会让PPT文件过大；而"嵌入所有字符"是指将该字体的字体库中所有的文字都嵌入PPT中，使用这种方式后，在别的计算机上编辑修改PPT比较方便，但是会让PPT文件变得十分庞大，容易造成计算机卡顿、死机。

2. 将字体文件随文件复制

将PPT中应用的所有字体随PPT文件一起复制到别人的计算机中，如图3-41所示。如果出现字体缺失问题，则将字体安装至该计算机中，然后重新打开PPT文件即可。如果认为在字体库中找字体、复制字体不烦琐，这是解决字体缺失问题最为简单、直接的办法。

▲ 图3-41　将PPT中所用字体一起复制到计算机中

3. 保存为 PDF 文件

若你的PPT文件已确定不需要修改，且观看时无须动画效果，那么可直接将PPT文件保存为PDF文件，PDF文件在观看时不受字体影响。

将PPT文件保存为PDF文件的具体方法：选择"文件"→"导出"命令，在窗口右侧单击"创建PDF/XPS 文档"按钮，如图3-42所示。弹出"发布为PDF 或 XPS"对话框，对保存位置进行设置，然后单击"发布"按钮即可，如图3-43所示。

▲ 图3-42　导出为PDF/XPS 文档

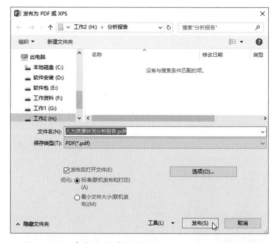

▲ 图3-43　单击"发布"按钮

大师点拨　＞　如何缩短 PPT 文件自动保存的时间间隔？

　　默认情况下，PPT 每隔10 分钟会自动保存一次，自动保存时，PPT 将无法操作。如果觉得10分钟保存一次过于频繁，可选择"文件"→"选项"命令，打开"PowerPoint 选项"对话框，选择"保存"选项，在"保存自动恢复信息时间间隔"数值框中重新设置自动保存间隔时间即可；如果有按【Ctrl+S】组合键保存的良好习惯，不需要软件自动保存，也可取消选中"保存自动恢复信息时间间隔"复选框，取消自动保存。

4. 转换成 PNG 图片

如果 PPT 中应用的系统外的字体不多，比如，只是封面标题应用了文鼎习字体，其他内容全部采用了微软雅黑字体，此时可以利用"选择性粘贴"的方法，将文本转换为图片，这样就能解决文鼎习字体缺失的问题。但转换为图片后，不能对文字进行修改。具体操作方法如下。

步骤01 选择应用文鼎习字体的文字，按【Ctrl+C】组合键复制。

步骤02 按【Ctrl+Alt+V】组合键，打开"选择性粘贴"对话框，在"作为"列表框中选择图片的粘贴方式，如选择"图片（PNG）"（见图 3-44），单击"确定"按钮即可将文字转换成无底色的 PNG 图片。将原来的文字删除（或隐藏），调整 PNG 图片至原文字位置即可，如图 3-45 所示。

▲ 图 3-44　选择性粘贴

▲ 图 3-45　PNG 图片的效果

5. 转换成形状

将文字转换成 PNG 图片后，始终不如原来的矢量文字清晰，怎么办？在可能缺失字体的文字不多的情况下，我们还可以选择"合并形状"命令，将文字转换成形状。这样既能保证文字不出现字体缺失问题，同时仍然具有矢量图形的清晰度。这种方式类似于 CorelDRAW 软件中的转曲操作。

步骤01 在当前 PPT 页中插入任意一个形状，先选中要转换的标题文字所在的占位符，再选中绘制的形状。选择"形状格式"→"插入形状"→"合并形状"命令，在弹出的下拉列表中选择"剪除"命令，如图 3-46 所示。

步骤02 标题文字转换成了矢量形状。变成形状后的文字虽然和 PNG 图片一样，不能再改变文字内容，但可以改变填充色、边框色，如图 3-47 所示。

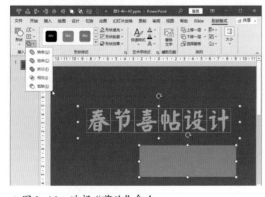

▲ 图 3-46　选择"剪除"命令

▲ 图 3-47　矢量形状可改变填充色、边框色

3.1.4 好字体，哪里找

用系统、软件自带的字体虽然正式，但没有什么特色，为了使PPT 中的文字更具表现力，可以通过互联网获取更多好字体。在网上获取字体的途径比较多，主要可以通过以下3 种方式。

1. 直接从字体公司网站获取

最简单的就是直接访问字体设计公司官网，可以了解该公司字体的使用权限、最新的字体设计作品。通常，个人学习使用的情况下也都是可以直接下载字体的，如图3-48、图3-48所示。

▲ 图3-48　造字工房官网　　　　　　　　▲ 图3-49　方正字库官网

大师点拨 ＞　有些字体上标注的"非商用"是什么意思？

　　和音乐、电影等一样，字体也是专业设计公司的劳动成果，通过互联网下载使用字体时需要注意版权问题。某些字体公司（如造字工房）提供的免费字体，会在字体说明书中标注"非商用"。个人、企业内部使用这类字体是没有问题的。但若商用或发布（如使用其字体进行商业广告设计服务活动，或设计软件时内嵌使用其字体等）则属于侵权行为，可能会遭到起诉，这一点需要注意。某些字体需要购买才能下载使用，但即便是购买之后仍然要注意其是否限制用于商业。

2. 通过字体"市场"网站获取

前文推荐了不少字体，在哪里可以下载呢？当你知道字体名称时，可以到一些字体"市场"网站中去搜索下载。这类网站聚合了各大字体设计公司出品的中文、英文字体，只要知道字体名称基本都能找到。这里推荐大家使用"字体天下"网站，该网站设计简洁，没有过多的广告干扰，字体分门别类十分清晰，字体库也较全，搜到字体后基本都有下载链接，如图3-50所示。

▲图 3-50　通过字体天下网站找"Road Rage"字体

　　另外，还推荐一个叫作"求字体"的字体"市场"网站。这个网站有以图搜字体的功能，类似百度的以图搜图，当你在别人的PPT中看到某个字体时，如果想找到这个字体，可以截图或拍照保存，到这个网站上传搜索，就能够找出字体名称，如图3-51、图3-52所示。

▲图 3-51　单击"求字体"网站首页识图按钮

▲图 3-52　上传图片后的识别结果页面

3. ifonts 字体助手软件

　　这是一个集字体管理、字体下载等字体相关功能于一体的软件，如图3-53所示。通过这个软件我们可以轻松找到各大字体设计公司的字体，了解该字体的使用权限（是否能商用一目了然），一键应用到目标文字内容（当前选中）中，并且能够分门别类地管理你电脑中已有的字体，在打开别人的PPT遇到缺少字体的问题时，还可以通过这个软件快速将字体补回来，确保正常显示。另外，当我们需要做一些常见的特效文字（比如金属字、抖音特效字、荧光字、流体渐变字等）时，通过这个软件也可以快速完成。使用方法也很简单，拖到PPT中使用即可，非常便捷，如图3-54所示。

▲ 图 3-53　ifonts 字体助手软件界面

▲ 图 3-54　ifonts 字体助手软件"文字特效"列表

技能拓展 ▷ **多种方法安装字体**

　　1. 直接双击字体文件，在弹出的界面中继续单击"安装"按钮，即可快速将字体安装到电脑中；2. 在系统盘（一般为C盘）的Windows文件夹里找到Fonts文件夹，打开并将要安装的字体文件复制、粘贴到该文件夹内即完成了安装，需要一次性安装多个字体时，使用这种方式更方便。

3.2　文字也要有"亮点"

　　在设计PPT时，出于吸引观众注意、增强气势等目的，某些标题或重点文字有时需要设计特别的字体效果，如艺术字、书法字、填充效果字等。这类效果一般无法直接通过字体获得，而需要对其进行针对性的设计。

3.2.1　恰到好处才能"艺术"

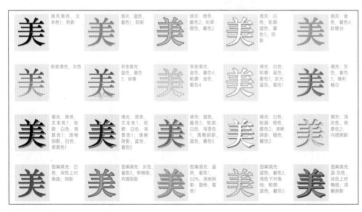

▲ 图 3-55　预制艺术字效果

　　PowerPoint 2021中自带多种艺术字效果，在计算机中安装的字体基础上可以做出丰富的文字效果。预置的艺术字效果一共有20种，如图3-55所示。

　　选择了预制的艺术字效果后，还可通过"格式"选项卡下的"艺术字样式"组来调试自己喜欢的颜色、效果。单击该组右下角的按钮，打开"设置形状格式"窗格，可进行更为精细的设置。发挥你的想象，恰当利用这些效果，能够为整个PPT增色不少。

阴影字： 阴影效果分为外部阴影、内部阴影及透视阴影，并有多种不同的阴影偏移方式。图3-56中的"观"字应用的是右下偏移阴影，"岭"字应用的是左上偏移阴影。

映像字： 映像效果有紧密映像、半映像、全映像等多种变体效果。使用映像效果能够产生倒影的感觉，在以水为背景的PPT中使用较多，如图3-57所示。

▲图3-56　阴影字

▲图3-57　映像字

发光字： 使用发光效果时，应当注意发光颜色与整体场景的契合，不可选择与背景过于冲突的发光色。同时，发光大小和透明度也应该适度，不推荐直接应用软件预置的发光效果。如图3-58所示的"KKTV"即应用了发光效果。

三维字： 三维格式包含顶部棱台、底部棱台、深度、曲面图、材质、光源参数；三维旋转则可使用预制的平行、透视、倾斜旋转，也能手动精确调节x、y、z三轴的角度。通过调节三维格式、三维旋转两个效果的各项参数，使用PPT也能够简单、快速地做出类似专业设计软件设计的立体字效果，如图3-59所示页面文字是用三维格式中的棱台效果制作的金属字。

▲图3-58　发光字

▲图3-59　三维字

转换字： 转换效果位于"格式"选项卡"文本效果"下拉列表中的最后一项，包含"跟随路径"效果和各种"弯曲"效果。使用转换效果能将原本规规矩矩的文字排得更为灵活，适用于教学、轻松娱乐等类型的PPT，如图3-60所示。

新手由于缺乏对整体风格的把握能力，因此应该谨慎使用艺术字。滥用艺术效果，将多种艺术效果生硬叠加很容易破坏PPT的美感，使设计

▲图3-60　转换字

显得非常不专业。

3.2.2　要大气，当然选择毛笔字

豪放的毛笔书法字笔力遒劲，气魄宏大，极具张力。设计中使用毛笔书法字，能够有效增强（不局限于中国风）气势和设计感，如图3-61至图3-63所示。

▲ 图3-61　小米自研芯片发布会PPT

▲ 图3-62　《抖音用户潮流生活洞察报告》PPT

▲ 图3-63　OPPO手机发布会PPT

在PPT中怎样设计这样的字？如果你会写毛笔字且有扫描仪，或者你会使用PS软件且会使用笔刷工具，设计毛笔书法字当然不是问题。如果都不会，也没有扫描仪，则可以使用下面两种方法。

方法1：书法迷网站在线生成

在线生成毛笔书法字的网站很多，书法迷网就是其中之一。利用书法迷网制作PPT毛笔书法字的具体方法如下。

步骤01 在书法迷网站上方输入要生成书法的文字，并设置字体、字号、颜色等参数。设置完成后，单击"书法生成"按钮，预览窗格中即可生成书法效果，如图3-64所示。

步骤02 将鼠标指针移至书法字预览窗格，调试选择该字的不同写法（不同书法家或同一书法家不同时刻书写的同一个字），直至满意，如图3-65所示。

步骤 **03** 单击"保存"按钮，然后根据需要选择生成的图片类型，这里建议生成"矢量SVG"图片，如图3-66所示。

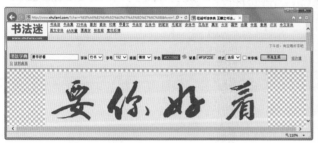

▲ 图3-64　生成书法字　　　　　　　　　　▲ 图3-65　选择书法家　　　▲ 图3-66　保存书法字

步骤 **04** 这一步需要借助 Illustrator 软件或 CorelDRAW 软件（若没有安装这些软件，则在上一步中选择直接生成"透明PNG"），将矢量文件转换成PowerPoint 支持的WMF 或 EMF 文件，这里以Illustrator 软件为例。将刚刚保存的SVG 文件拖入Illustrator 软件中，然后选中图片并导出EMF 格式图片，如图3-67和图3-68所示。

▲ 图3-67　导出文件　　　　　　　　　　　　▲ 图3-68　选择保存类型

步骤 **05** 将导出的EMF 文件复制粘贴至PPT中，并右击图片，在快捷菜单中选择"组合"→"取消组合"命令，如图3-69所示。这样书法字图片就变成了图形对象（形状）。

　　此时我们可以将背景删除，在PPT 中自由调节各书法字的大小、颜色，甚至可以调整字的笔画，直至达到令自己满意的效果，如图3-70所示。

▲ 图 3-69　取消组合

▲ 图 3-70　编辑书法字

方法 2：Ougishi 软件手写生成

　　Ougishi（在百度网站搜索 "Ougishi" 可找到软件下载地址）是一款非常有趣的毛笔字生成软件，使用它能够将手书任意文字模拟成书法字。下面以 "奇" 字为例进行介绍。

步骤 **01** 在书写窗口中拖动鼠标，写出 "奇" 字，如图 3-71 所示。

步骤 **02** 在窗口右侧拖动滑块，调节相应的书法效果，直至满意，如图 3-72 所示。

步骤 **03** 选择 "文件" → "输出" 命令，输出为 SVG 矢量文件，如图 3-73 所示。使用前面介绍的方法，将 SVG 矢量文件转换为 EMF 文件即可放进 PPT 中使用。

▲ 图 3-71　书写文字

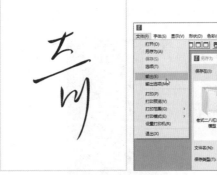

▲ 图 3-72　调整文字效果　▲ 图 3-73　保存毛笔字

3.2.3　发挥想象力，填充无限可能

　　填充效果字即在文字中填充材质或图片，使原本的文字呈现出一种类似图片的独特设计感。这种效果很常见，如图 3-74 和图 3-75 所示。

▲ 图 3-74　填充文字效果示例 1

设置填充效果字的步骤如下。

步骤01 选择 PPT 中的文本，选择"格式"选项卡下"艺术字样式"组中的"形状填充"命令，在弹出的下拉列表中选择"图片"命令，如图 3-76 所示。

步骤02 在打开的"插入图片"对话框中选择"来自文件"命令，再在打开的"插入图片"对话框中选择填充的图片，单击"插入"按钮即可，如图 3-77 所示。

▲ 图 3-75 填充文字效果示例 2

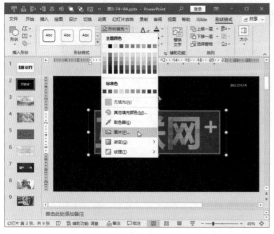

▲ 图 3-76 图片填充

▲ 图 3-77 选择填充图片

技能拓展 > 使用文字轮廓解决边界问题

　　设置文字填充效果后，有时会出现文字边界与背景（特别是图片背景）不能很好融合或文字显示不清晰的问题。此时我们可以再次设置文字效果格式，添加文本边框。文本边框的色彩和粗细可根据实际效果选择、不断调试，直至满意。

选择合适的图片，发挥你的创造力，使用填充文字提升 PPT 的设计感，如图 3-78 至图 3-84 所示。

▲ 图 3-78 草坪字（填充之后，增加了文本边框及投影效果）

▲ 图 3-79 缤纷字（填充之后，对文本框轮廓色应用了渐变填充，渐变色吸取自填充图片）

▲ 图3-80　金属字（填充之后，应用了黑色
文本边框和发光效果）

▲ 图3-81　国旗字（逐字填充之后，应用了
蓝色文本边框和阴影效果）

▲ 图3-82　炫彩字

▲ 图3-83　粉笔字（逐字填充）

哪里可以找到优质的填充图片？这里推荐
BANNER 设计欣赏网站，该网站上集合了非常
多优质的背景图片，用来填充PPT 文字效果非常
不错。

▶ 图3-84　花纹字（适合底纹类图片，填充后将图片平
铺为纹理，添加了粗线边框）

3.2.4　修修剪剪，字体大不同

在前文讲解解决字体丢失问题的方法时提到
将文字转换为形状的方法，使用该方法将文字转
换为形状后，还可以继续使用"合并形状"工具
对转化为形状的文字进行各种编辑，从而在PPT
中编辑出各种特色文字，如图3-85所示。

图3-85所示的"度""展""性"转换为形状
后，各截去一部分，然后添加了倾斜角度相同的
渐变色线条。制作这种截角文字的具体操作方法
如下。

▲ 图3-85　选自魅族MX4发布会PPT

步骤 ① 插入三个文本框并输入文字,再插入三个形状,选择一个文本框和形状,选择"合并形状"→"剪除"命令,即可将文字转换为形状,使用相同的方法继续将其他两个文字转换为形状,如图3-86所示。

步骤 ② 插入用来切割文字的矩形(倾斜角度为30°)并复制2个,将矩形调整至合适的位置(遮盖需要减除的部分),如图3-87所示。

▲ 图3-86 将文字转换为形状   ▲ 图3-87 添加切割文字的矩形

步骤 ③ 先选择文字形状,再选择遮盖在其上的相应矩形,切换至"格式"选项卡,选择"合并形状"→"剪除"命令,截去文字形状被矩形遮盖的部分,如图3-88所示。同理,再重复两次该操作,即可完成三组文字的截角。

步骤 ④ 插入一条直线,设置其为渐变填充(位置0%和100%透明度均为100%,位置25%和75%透明度均为35%,位置50%透明度0%),倾斜角度为30°,按两次【Ctrl+D】组合键再生成两条一模一样的直线,并将三根直线移动至文字形状的截角边缘,如图3-89所示。这样截角文字就做好了。

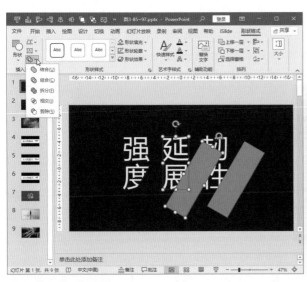

▲ 图3-88 剪除形状   ▲ 图3-89 渐变填充

和填充效果字一样,发挥你的想象力,使用形状修字法还可以做出很多特色文字,举例如下。

阴阳字: 一种文字被截成两个部分的效果。将文字转换为形状后,复制一份,再以同样的两个

矩形分别遮盖其中一个形状的上半部分，和另一个形状的下半部分，分别进行"剪除""相交"操作，将文字形状裁剪为上、下两部分。最后给两部分填充不同的颜色即可，如图3-90所示。

除了使用矩形，还可以使用半圆形、波浪形、梯形等作为遮盖形状，让阴阳字的分隔方式变得更丰富多样，如图3-91至图3-93所示。

▲ 图3-91 使用圆弧形制作的阴阳字

▲ 图3-92 使用波浪形制作的阴阳字

▲ 图3-90 阴阳字

▲ 图3-93 使用梯形制作的阴阳字（采用逐字剪除方式）

赋形字：赋予文字某个形状后的效果。图3-94所示为赋予"吉祥如意"四个字圆形的效果。将文字转换为形状后，插入圆形，遮挡文字中央主要部分，然后选中文字和圆形，执行"相交"操作即可制作。

拉伸字：将文字转换为形状后，进入"编辑顶点"状态（具体方法详见后文相关章节），根据原字体、文字意境适当调整部分笔画的节点，使文字呈现出一种独特的效果。如图3-95所示，"一""天""冲"字的笔画在原汉仪菱心体基础上进行了拉伸调整（调整后应用了艺术字效果）。

▲ 图3-94 赋形字

▲ 图3-95 拉伸字

划痕字：使用特定的形状对文字进行局部"剪除"，使原文字呈现如同遭受抓划般的效果。如图3-96所示的"金刚狼"三个字，蓝色的色块作为划痕与文字执行了"剪除"操作，图3-97所示为最终效果。

▶ 图 3-97 划痕字效果

▼ 图 3-96 划痕字

3.3 段落美化四字诀

制作 PPT 难免会遇到某一页上有大段文字的情况，为了阅读起来轻松、看起来美观，排版时应注意"齐""分""疏""散"。

3.3.1 "齐"

"齐"是指选择合适的对齐方式。在 PPT 中，段落主要有"左对齐""右对齐""居中对齐""两端对齐""分散对齐"5 种对齐方式。一般情况下，同一页面中应当保持对齐方式的统一。具体到每一段落内部的对齐方式，还应根据整个页面的图、文、形状等混排情况选择，最终目的是使段落既符合逻辑又美观，如图 3-98 至图 3-100 所示。

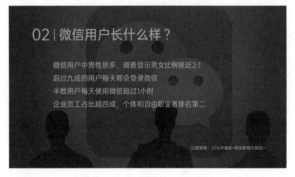

▲ 图 3-98 左对齐

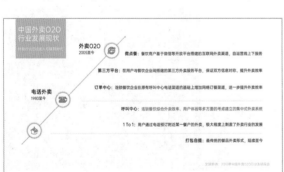

▲ 图 3-99 右对齐

▲ 图 3-100 居中对齐

技能拓展 ▶ **竖排文字的对齐方式**

在"段落"工具组中，通过"文字方向"命令可以设定文字"横排""竖排""按指定角度旋转排列""堆积排列"。竖排文字时，左对齐即顶端对齐，右对齐即底端对齐，居中对齐即纵向居中对齐。设计中国风 PPT 时，常用竖排文字。

两端对齐的效果和左对齐类似，只是当各行字数不相等时，两端对齐会强制将段落各行（除最后一行）右侧对齐，以使段落看起来更美观，如图3-101所示。

分散对齐则是包含最后一行在内，让段落每一行的两端都对齐，如图3-102所示。这种对齐方式应用于表格中时，能够强制让一列数字个数不均的数据两端对齐，达到美观的效果。

▲图3-101　左对齐和两端对齐的区别 　　　　▲图3-102　左对齐和分散对齐的区别

3.3.2 "分"

"分"是指厘清内容的逻辑，将内容分解开来表现，将各段落分开，同一含义下的内容聚拢，以便观众理解。在PowerPoint中，并列关系的内容可以用项目符号来自动分解，先后关系的内容可以用编号来自动分解。

通过"项目符号和编号"对话框，可以自由设置项目符号的样式（可以是系统字库内的符号，也可以是硬盘或网络中的某张图片），以及起始编号、编号颜色，如图3-103至图3-105所示。

▲图3-103　项目符号样式

▲图3-104　并列关系

▲图3-105　先后关系

对于已设定项目符号和编号的段落文本，使用"段落"组中的降低/提高列表级别按钮，能轻松调整段落间的层次关系，如图3-106所示。

▲图3-106

3.3.3 "疏"

"疏"是指疏阔段落行距，制造合适的留白，避免文字密密麻麻地堆积带来的压迫感。PowerPoint

中有单倍行距、固定值行距、1.5倍行距、2倍行距、多倍行距5种行距设置方式，段落默认行距为单倍行距。若需改变行距，可通过"段落"组中的"行距"命令或"段落"对话框进行设置，如图3-107所示。

单倍行距：行间距为所使用文字大小的1倍，如图3-108所示。

▲ 图3-107　设置行距

▲ 图3-108　单倍行距

固定值行距：设置行间距为某个固定的值，如25磅，如图3-109所示。这种行距不会因为字号的改变而改变。因此，原本设置合适的行距，若将字号进行了调整，行距的磅值也需要重新设置。

1.5倍行距：行间距为所使用文字大小的1.5倍，如图3-110所示。

▲ 图3-109　固定值行距（25磅）　　　　　▲ 图3-110　1.5倍行距

2倍行距：行间距为所使用文字大小的2倍，如图3-111所示。

多倍行距：自行设置行间距为所使用文字大小的倍数，图3-112所示为3倍行距。多倍行距支持"1.3""2.2"这样的非整数倍值。

▲ 图3-111　2倍行距　　　　　　　　　　▲ 图3-112　多倍行距（3倍）

大师点拨 ＞ **什么样的行距更好？**

　　同一种字体的情况下，不同行距的视觉效果不同。一般来说，单倍行距略显拥挤，会给阅读带来困难。在文字较少的情况下，建议采用 1.2~1.5 倍行距，这会使内容显得更加疏阔，阅读起来更轻松。

3.3.4 "散"

　　"散"是指将原来的段落打散，在尊重内容逻辑的基础上，跳出 Word 的思维套路，以设计的思维对各个段落进行更为自由的排版。

　　如图 3-113 所示的正文内容即 Word 思维下的段落版式。将一个文本框内的三段文字打散成三个文本框后，我们可以对这页 PPT 进行如图 3-114 至图 3-116 这样的设计，视觉效果就完全不一样了。

　　卡片式：每一段的小标题独立列示，如同卡片的标签，一眼扫过只有短短几行字，不会在一开始就带给观众过大的阅读负担，如图 3-114 所示。

▲ 图 3-113　原文本段落效果

▲ 图 3-114　卡片式

　　交叉式：将各段内容交叉错位排布，打破从左到右的固化阅读方式，使每一段内容都清晰、独立，给观众一种新鲜感，如图 3-115 所示。

　　切块式：改变常规的横向排版方式，将每一段内容切割成块状，形成纵向阅读的视觉效果，并提升了每一个小标题的阅读优先级别，如图 3-116 所示。

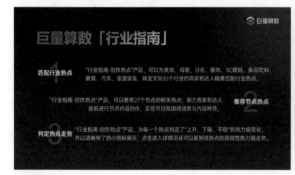

▲ 图 3-115　交叉式

▲ 图 3-116　切块式

技能拓展 ❯ **PPT 中的文字字号不是越大越好**

　　有的人说"PPT 是用来瞟的，不是用来读的"，PPT 中的文字字号应尽量大一些。但是字号并不是越大越好，过大的字号会破坏整体的美感。字号大小应根据重点突出的原则来决定。重点内容的突出往往是通过对比、衬托来实现的，如图 3-115 所示的小标题与正文。小标题字号并不比正文字号大多少，但通过对字号的细微变化、色彩的明弱衬托，小标题在整个页面中依然非常突出。

3.4　让标题更吸睛的 5 个关键词

　　幻灯片的标题能够减小观众的阅读压力，制作幻灯片时应尽量避免将文字相对较多的正文直接呈现在观众眼前，要让观众一眼便可知悉本页幻灯片大致要讲些什么。一般情况下，每页幻灯片都应有一个标题。图 3-117 和图 3-118 所示为同一张幻灯片有标题时和没有标题时的对比，相信大多数人会更喜欢图 3-118 所示的效果。

　　一份优秀的 PPT 中自然不乏精彩的标题。在撰写 PPT 的文案时，单纯对内容进行概括容易显得平淡，如果把每一页 PPT 都看成一则广告，那么标题就是广告语。为了让这一页幻灯片看起来更有阅读冲击力，我们可以像写广告文案一样，根据实际情况适当用一些手法来调整标题。

▲ 图 3-117　无标题的幻灯片　　　　　　　　▲ 图 3-118　有标题的幻灯片

3.4.1　简短

　　简短的标题阅读起来轻松、有力度。通过概括、提炼，找到对原意最简单的表达方式，是让幻灯片标题更有视觉冲击力的直接而有效的方法。如图 3-119 所示的摘自小米发布会的这页幻灯片，用"感动掌心的美"作为标题，表达了小米手机在设计方面"手感好""轻、薄"等优势。

　　又如图 3-120 所示的一加手机的品牌广告，标题仅"不将就"三个字，表达了企业理念、产品定位、目标客群的精神主张等，简洁、有力。

▲ 图 3-119　小米发布会的幻灯片　　　　　　　　▲ 图 3-120　一加手机的广告

3.4.2　有内涵

　　某些特殊情况下，可以通过化用成语、词语、俗语、流行语，或玩文字游戏的方式重新包装原本要表达的含义，让标题变得含义更丰富、更耐人寻味。如图 3-121 所示的华为 MateBook 的广告，巧妙地化用"本该如此"，表现了华为将平板、笔记本合二为一这一独特性，以及对用户需求的颠覆性等内涵。

　　又如图 3-122 所示的一加手机 3 的广告标题——"强劲，才带劲"，前后重复两个"劲"字，以字面上的文字游戏巧妙表达了该手机的硬件性能与可操作性、可玩性等内涵。

▲ 图 3-121　华为 MateBook 的广告　　　　　　　▲ 图 3-122　一加手机的广告

　　有时候字数较多的长标题通过输出价值主张、情感关怀，其打动人心的力度并不一定比短标题弱，如图 3-123 所示。

▲ 图 3-123　长标题

3.4.3　专业

在标题中突出强调某些数值或使用某些专业词汇，展现强烈的专业感，是产品推介类 PPT 提升标题吸引力的一种技巧。

如图 3-124 和图 3-125 所示，标题中的"10 分钟"和"10000:1"，让人感觉专业、可靠。

▲ 图 3-124　科沃斯扫地机器人的广告

▲ 图 3-125　极米投影电视的广告

3.4.4　有趣

大多数观众都喜欢看有趣的东西，而厌恶老生常谈、照本宣科。将原本平淡的标题朝着趣味性的方向调整，或许能勾起观众的兴趣。比如，在标题中制造对比、设置矛盾点，不按常规说话，出乎常人意料，给人以新鲜、趣味感，如图 3-126 和图 3-127 所示。

▲ 图 3-126　耐克品牌的广告

▲ 图 3-127　车来了 App 的广告

3.4.5　神秘

揭秘的过程通常能引起人们的浓厚兴趣。因此，网络中的很多广告链接都是以揭秘式的文案来获取单击率的，某些 PPT 的标题也可以借鉴这种手法。将标题写成一句精彩的摘要，言而未尽，制造神秘感，从而吸引观众注意，如图 3-128 所示。

写幻灯片的标题时可以借鉴广告文案的创

▲ 图 3-128　标题神秘

作方法，尝试切换思路。关于广告文案创作技巧方面的经典教材很多，如《一个广告人的自白》《文案发烧》等国外广告大师的作品。国内的相关书籍推荐阅读《那些让文案绝望的文案》，该书由广告文案界大师小马宋编写，内容有趣、有料。阅读一些文案写作书籍对于 PPT 标题和正文内容的创作都非常有帮助。

神器2：文字云制作好工具——凡科快图

▲ 图3-129　文字云

所谓的文字云是指将文字堆砌拼合成各种形状（不仅仅是云朵形）的一种特殊文字排列效果。由于视觉效果独特，文字云受到很多人的喜爱，如图3-129所示。

我们在 PPT 中能够直接制作文字云，大致方法是先将图形置于底层，再随意添加各种角度、错落放置的文字，最后将溢出图形边界的部分删除或裁剪掉即可。

不过，这样操作起来比较麻烦，效果也不一定好。不如借助一些制作文字云的专业工具网站，在网站中制作好文字云图片后，再将其插入 PPT 中使用。

文字云在线制作工具网站很多，如WordArt。这里向大家推荐凡科快图（网址：kt.fkw.com/ciyun.html）。凡科快图可免费使用，外观、颜色等效果也十分丰富，还能输出高清素材图，功能基本能满足我们对文字云的各种制作需求。比起WordArt，凡科快图操作界面为全中文，也支持插入中文词条。使用具体操作方法如下：

步骤01 在浏览器中输入网址，打开凡科快图工具网站后，单击页面上的"立即使用"按钮，进入词云制作界面（需完成注册、登录），如图3-130所示。

▲ 图3-130　凡科快图网站

步骤02 在词云制作界面左边窗口可选择词云的形状，如图3-131所示。凡科快图内置了丰富的形状素材，当然，读者朋友还可以根据实际需求上传自己的词云形状图片，自定义词云外观，如图3-132所示。

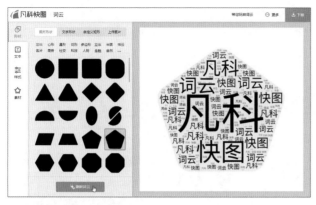

▲ 图3-131　词云制作界面

▲ 图3-132　上传词云形状图片

步骤03 选择好词云的形状后，单击"文本"选项卡，修改或输入自己的词云文字内容，如图3-133所示。输入完成后，单击"刷新词云"按钮，即可在右侧窗口查看制作的词云效果。当词云各项设置完成、达到自己需求后，单击"下载"按钮，即可将词云素材导出下载到计算机。在"下载词云"对话框中可设置所下载的词云是否需要包含画布（背景）及尺寸大小，如图3-134所示。

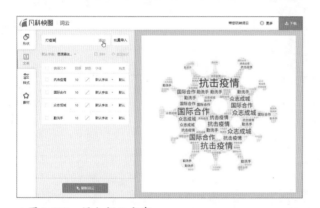

▲ 图3-133　添加词云文字

▲ 图3-134　下载词云

步骤04 接下来，在PPT中插入制作好的词云图片，排版应用即可，如图3-135所示。

▲ 图3-135　使用词云素材制作的PPT页面

中篇

技术——手段硬效率高

Chapter 04

用抓眼球的图片 抓住观众的心

正如凯文·凯利所说：在信息丰富的世界里，唯一稀缺的就是人类的注意力。

互联网构建起的信息时代，已然改变人们的阅读习惯。

各种内容都在努力迎合这种阅读习惯的变化，以简单、快速、无须耗费大量注意力的方式呈现。

PPT也一样，相对于长篇大论的文字，图片显得更有优势。

会找图、会修图、会用图……

只有先抓住观众的眼球，

才能让其背后传递的观点真正走进观众的心中。

4.1 找图也是一种能力

除了拍摄的图片、公司产品的效果图等，有时还需要从网络中获取一些图片资源。对于PPT设计而言，会找图片也是一种能力。高手往往能既快速又准确地找到高质量的配图，图4-1所示为铁锤砸碎老电视的有趣配图。

▲ 图4-1 乐视X50 Air发布会PPT

4.1.1 PPT支持哪些格式的图片

JPG、PNG格式是指图片的文件拓展名为.jpg、.png的格式。新手或许还不知道，除了常用的JPG格式外，PNG、GIF、EMF等格式的图片都可以在PowerPoint 2021中使用。不同格式的图片有不同的特点，用法也不尽相同，找图时要注意图片的格式问题。

1. JPG/JPEG图片

JPG/JPEG图片是基于联合图像专家组（Joint Photographic Experts Group）高效率压缩标准的一种24位图片。JPG/JPEG图片是最常见的一种图片格式，相机或手机拍摄的照片、网络下载的大多数图片都是JPG或JPEG格式。其优点在于压缩率高，文件小，节省硬盘空间。插入PPT中后不容易使文件变得太大，不会给软件的运行造成负担。但由于进行了高效率压缩，超出其像素尺寸使用，图片会变得模糊或出现马赛克，且JPG/JPEG图片始终带有底色，如图4-2所示。在Photoshop等图片处理软件中若将去掉底色的图片导出成JPG/JPEG格式，它将自动添加白色背景色。若要去除底色，还要在PPT中进行额外的操作。

选择一张图片并右击，在弹出的快捷菜单中选择"属性"命令，打开JPG图片文件的属性对话框。切换至"详细信息"选项卡，我们可以看到图片的宽度、高度的像素尺寸，如图4-3所示。若要将一张JPG图片插入PPT后以全图形方式显示而不变模糊，图片尺寸应与PPT页面尺寸一致或大于页面尺寸。非全图形使用时，图片的宽度、高度设置应与图片本身像素尺寸一致或小于其像素尺寸。

▲ 图4-2　PPT中的JPG图片

▲ 图4-3　图片属性

很多人在网上找图时，都会遇到这种情况：找到一张好图，可惜像素低，用在PPT中尺寸太小，但又非常想用这张图片，此时，可通过Topaz Gigapixel AI的软件，在不失真的情况下，将原图的像素放大，智能修复图片清晰度，如图4-4所示。使用时，将图片导入软件，在右侧选择需要放大的比例，如2x（放大两倍），设置面部优化、噪点等参数，左侧预览窗格可以显示调整图片尺寸后的效果，待图片清晰度放大完成，即可保存使用。

▲ 图4-4　Topaz Gigapixel AI界面

大师点拨 ＞　**为什么高精度的图片插入 PPT 后，再导出就变小了？**

　　为了加快软件的运行，减少出现播放卡顿现象，PPT会对插入的大图片自动进行一定比例的压缩。

　　当我们在制作大尺寸屏幕使用的PPT（如在影院巨幕厅播放的PPT），且电脑处理器配置较好的情况下，为了保证PPT放映出来的图片和原图一样清晰，可以在"PowerPoint"选项对话框中的"高级"选项卡中选中"不压缩文件中的图像"复选框，这样PPT就不会压缩插入的图片（仅针对当前编辑的PPT，之后新建的PPT不受影响）。

2. BMP 图片

BMP 图片是Windows操作系统中的标准图像文件格式，可以分成两类：位图和设备无关位图（DIB）。在PPT中选择性粘贴图片时，在对话框中便可以看到两种位图，如图4-5所示。

3. PNG 图片

PNG 图片即可移植网络图形（Portable Network Graphic Format），是一种无损高压缩比的图像，优点是在保证图片清晰、逼真的前提下，文件比JPG、BMP 图小。更重要的是，它支持透明效果。当PPT 中需要一些无背景的人物、物品、小图标等图片时，便可选择PNG 格式。如图4-6所示的PPT 中的单车小图标，便是无背景色PNG 图片。

4. GIF 图片

GIF 图片是一种无损压缩的图像互换格式（Graphics Interchange Format），它和PNG图片一样，支持透明效果。作为图片，其最大的特点是，既可以是静态的，也可以是如同视频一样有短暂动画效果的动态图片。将动态GIF 图片插入PPT 后，在编辑状态下，GIF图片显示为其中某一帧的画面，只有在播放状态下，GIF图片才会显示其动画效果，如图4-7所示。

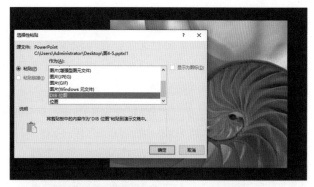

▲ 图4-5　PPT 中的 BMP 图片

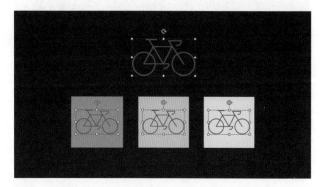

▲ 图4-6　PPT 中的 PNG 图片

▲ 图4-7　PPT 中的 GIF 图片

技能拓展 〉 **GIF 图片编辑、制作工具推荐**

　　有时候应用GIF 图片来提升PPT 的动感也是不错的方法。编辑制作GIF 图片的专业软件推荐Ulead GIF Animator。使用这款软件能够编辑已有的GIF 图片，也能自己制作GIF 图片。例如，将两张有细微差别的图片作为两帧在软件中合成一张GIF 图片，这种差别会呈现一种动画效果。或将连续的视频截图导入软件并合成GIF 图片，连续的动画会让这些图片形成短视频的效果。

5. WMF/EMF 图

WMF/EMF 图片即图元文件，是微软公司定义的一种 Windows 平台下的图形文件格式。增强型 Windows 元文件（Enhanced MetaFile，EMF）是原始 Windows 图元文件（Wireless Multicast Forwarding，WMF）格式的 32 位版本。

PPT 中的"剪贴画"即 WMF/EMF 图片，这类图片是矢量文件，随意拉大也不会出现锯齿或模糊，用户可以像编辑形状一样编辑 WMF/EMF 图片的节点、更换其颜色。通过 Adobe Illustrator、

CorelDRAW 这些专业设计软件设计的矢量文件便可导出为 WMF/EMF 文件，插入 PPT 后可继续以矢量图的形式使用。

同理，通过 PPT 编辑的形状图形也可以另存为 WMF/EMF 文件，导入 Adobe Illustrator 或 CorelDRAW 继续编辑。

如图 4-8 所示，PPT 左侧为 EMF 格式的多地形背景，右图为 WMF 格式的公司 LOGO。

▲图 4-8　PPT 中的 WMF/EMF 图片

4.1.2　影响 PPT 质量的 5 种图片

图片是 PPT 中最重要的元素之一，图片的好坏将直接影响 PPT 整体效果的好坏。虽然网络中的图片很多，但不是所有的图片都能在 PPT 中使用的，所以在选择图片时一定要慎重。

1. 莫名其妙的图

这是 PPT 初学者常犯的错误——基于自己个人的喜好添加一些与主题毫无关联或联系不大的配图，如图 4-9 和图 4-10 所示的图片，与 PPT 中的文字毫无关系。可有可无的图片不如不用，自己都不理解的图片再美也不能随意使用。

▲图 4-9　图片与文字毫无关联的 PPT 页面 1

▲图 4-10　图片与文字毫无关联的 PPT 页面 2

2. 带有水印的图

从网上找的图片有的会带有水印（遮盖在图片上的文字或图形），水印会遮挡图片本身的内容，若直接将带水印的图片插入 PPT 中，不仅会影响视觉效果，也会给人一种凌乱、盗图的坏印象，如图 4-11 和图 4-12 所示。

▲ 图4-11　水印较小，不影响主体内容　　　▲ 图4-12　水印面积较大，影响主体内容

3. 模糊的图

像素过低、模糊不清的图，不仅无法达到想要的效果，还会带给观众一种劣质的印象。因此，除非有特定目的，否则PPT应尽量使用清晰的图片。如图4-13和图4-14所示的两页PPT，你觉得哪一页更让你有阅读的欲望呢？我想大多数人会选图4-13吧。

▲ 图4-13　图片清晰　　　　　　　　　　　▲ 图4-14　图片模糊

4. 变形的图

扭曲变形的图片乍一看似乎没什么问题，其实比例已经失真，放在PPT中会给人一种不严谨、低劣的感觉。如图4-15所示，停车场图片明显拉伸变形。

另外，我们在PPT中调节图片的大小时，非等比例缩放（只改变图片的长度或只改变图片的宽度）也会导致原本正常的图片扭曲变形。

▲ 图4-15　拉伸变形图

5. 侵权的图

互联网是一个共享开放的空间，在网上下载东西我们都习惯了拿来即用，很少去想是否会侵犯他人的著作权、肖像权等。内部分享、学习型的PPT倒也没什么问题，但是商业类的PPT，找图时则必须谨慎。有版权声明的图片及图片上的内容有可能侵犯肖像权的图片都不宜轻易使用。如图4-16所示的这页PPT配图，很有可能侵犯了图中人物的肖像权，已付费购买或已征得相关权利人同意的图片除外。

▶图4-16　侵权图（图片来自全景网，仅作示意）

4.1.3　找图时常用的4种方式

从网上找图时，新手一般会在百度中搜索，然而这种搜图方式很难找到独特、高质量的图片，且效率很低，因为百度图片通常像素较低，或很难满足我们的需要。很多时候我们可以感觉到，平时在网上屡见不鲜的图片，真正要用时，找起来却非常困难。如何才能又快又好地找到适合在PPT中使用的配图呢？主要有下面4种方法。

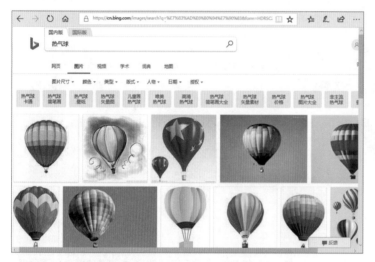

▲图4-17　热气球图片1

1. 通过搜索引擎搜图

找图时，除了百度，还有很多搜索引擎可以使用。比如，必应搜索、搜狗搜索等。在百度中没找到合适的图，不妨换一个搜索引擎试试。

图4-17所示为在必应搜索引擎中输入关键词"热气球"后搜索出来的图片。通过必应图片搜索素材不仅可以筛选搜索结果中图片的尺寸、颜色、类型，还可以搜索版式、人物、日期、版权情况。

图4-18所示为在搜狗搜索引擎中输入关键词"热气球"后搜索出来的图片，用户可以根据图片的尺寸、颜色和类型进行筛选。

▲图4-18　热气球图片2

使用搜索引擎时，善用关键词才能提升搜图的准确性。

对于抽象性的需求，可以多联想具象化的事物作为关键词搜索。

比如，找"开心"的图片，我们可尝试使用"笑脸""生日派对""获胜"等关键词搜索。

对于具象性的需求，可以联想抽象性的词汇作为关键词搜索。比如，找"站在山顶俯瞰"的图片，我们可以尝试使用"攀登""山高人为峰""登峰""成功"等关键词搜索。

总而言之，在搜索类关键词找不到准确的图片时，可以尝试换个角度，联想更多词语进行反复搜索，如图4-19和图4-20所示。

▶ 图4-19　百度图片搜索关键词"攀登"的结果

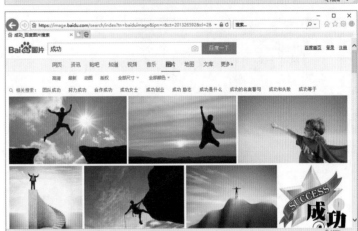

▶ 图4-20　百度图片搜索关键词"成功"的结果

如果搜索中文关键词怎么都找不到合适的图片，可以尝试将中文关键词翻译成英文再进行搜索，或许就会"柳暗花明又一村"。比如，找展现"友情"的图片，可以使用"friendship"进行搜索，如图4-21和图4-22所示。

▲ 图4-21　必应图片搜索关键词"友情"的结果

此外，百度图片、360 图片搜索都有以图搜图的功能。通过硬盘上已有的某张图片找类似图片，或通过硬盘中的一张带水印的、小尺寸的图片找无水印的、大尺寸的图片等，都可以使用以图搜图的方式来找图。360 图片搜索中以图搜图的具体方法如下。

▲ 图 4-22　必应图片搜索关键词"friendship"的结果

步骤 01 单击360图片搜索引擎右侧的按钮（见图 4-23），打开360识图窗口。

步骤 02 单击"上传图片"按钮（见图 4-24），导入硬盘中的图片。自动上传完成后，搜索引擎将很快列出搜索到的相似图片，如图 4-25 所示。此时还可以筛选搜索结果中的图片的尺寸。

▲ 图 4-23　360识图按钮

▲ 图 4-24　上传图片

▶ 图 4-25　以图搜图的结果

2. 通过专业图库网站找图

做PPT时，用百度搜出来的图片素材，来源五花八门，是否有侵权风险不甚明了，且质量往往不高。其实，专业设计师找图一般都不会首先考虑百度，而是优先到一些专业的图片素材网站搜索。专业图片素材网站图片多、质量高、版权清晰，使用这类网站找到的图，对PPT质量改善有明显效果。

当然，很多专业图片素材网站都需要付费下载，如视觉中国、全景图库，但也有支持免费下载且图片质量依然不错的网站，如下面7个网站。

（1）pixabay，网址：pixabay.com。

面向全球的素材网站。图片素材多，且质量超高，同时全部免费，不管是个人还是商用都不用担心侵权问题。除了图片素材，在该网站上还有插画、矢量图、视频、音乐素材，在首页搜索框中搜索即可，一站式轻松搜索PPT制作需要的各种素材。

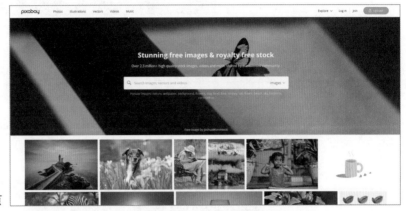

▶图4-26　pixabay首页

使用该网站时，可以依次单击页面右上角"Explore"旁的符号→"Language"→"简体中文"链接，将网站语言切换为中文，使用起来更方便，如图4-27所示。

注册网站用户方可下载图片。因此，在开始搜索前，可以先单击右上角"join"链接，注册并登录网站，如图4-28所示。

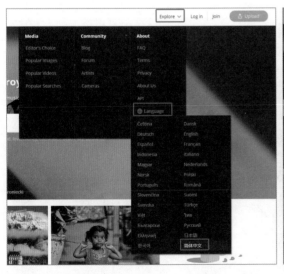

▲图4-27　切换为中文

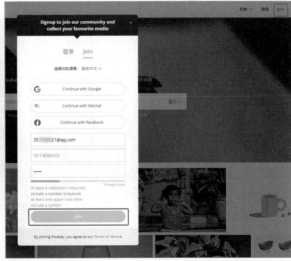

▲图4-28　注册登录网站

在该网站搜图时用中文、英文搜索效果基本是一样的，通过搜索关键字找到想要的图片后，单击图片右侧的"免费下载"按钮即可下载。下载的图片精度还可以根据需要进行选择。

▶ 图 4-29　单击"免费下载"
按钮下载图片

（2）Pexels，网址：www.pexels.com。

同样是面向全球的素材网站，素材多、质量高、免费可商用，使用方法与pixabay类似，且搜索响应速度更好。使用中、英文搜索结果有差别，建议分别搜索，不至于错过好图。

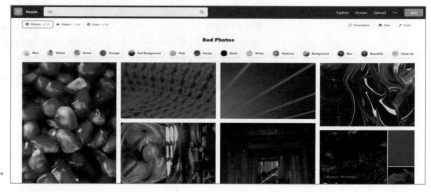

▶ 图 4-30　Pexels搜索"red"

（3）Piqsels，网址：www.piqsels.com。

就像网站首页中写的那样，这是一个免版税的图库，个人和商业两种用途均可免费使用。中、英文搜索响应速度都不错，且无须注册即可下载。

▶ 图 4-31　Piqsels首页

（4）Stock Snap，网址：stocksnap.io。

聚合国外43个免费图片素材网站内容，素材量十分丰富，支持多个关键词搜索，同样无须注册即可下载，无需担心版权问题。建议使用英文词汇搜索，响应速度、网站稳定性一般。

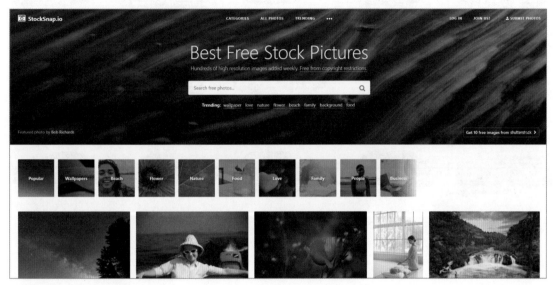

▲ 图4-32　Stock Snap首页

（5）阿里巴巴矢量图标库，网址：www.iconfont.cn。

阿里巴巴MUX打造的矢量图标共享平台，具有极其丰富的图标、插画素材，使用新浪微博账号登录后即可搜索、免费下载。下载时选择下载SVG格式，插入PPT后，还能根据页面排版需要更改颜色或进一步编辑节点。

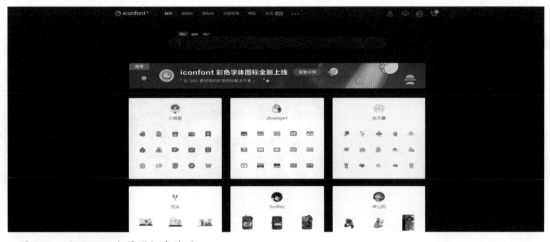

▲ 图4-33　阿里巴巴矢量图标库首页

（6）FREEPNGPICTURES，网址：www.freepng.pictures。

素材库十分强大，特别是基于真实照片扣取的PNG图片尤其丰富。通过类别一级一级筛选，可以很方便地查找到同类型风格的图片。

▲ 图4-34　在FREEPNGPICTURES中检索"Car"类素材

（7）MochupPhotos，网址：mockup.photos。

包含了各种各样的手机、电脑、电视等样机，且既有空场景素材也有真实场景素材，足以满足我们对样机的各种需求。

使用时，先单击页面右上角的"Sign up"链接，完成注册；然后将鼠标指向页面左上角的"Browse all"，选择"Digital"列表中的一种样机类别，如"MacBook/Pro"（如图4-35所示）；进而在跳转的样机页面中单击想要的某个样机图，进入编辑界面；单击样机界面区域，单击"Upload Image"上传你的界面图；样机图自动生成后，就可以单击"Download now"按钮将样机下载到计算机中（如图4-36所示），插入PPT使用了。

▲ 图4-35　选择"Digital"中的样机

▲图4-36　单击"Download now"按钮下载图片

3. 摄影爱好者分享图站

从以摄影爱好、摄影交流为主题的网站上也能收获一些好图片。

图虫创意：这里有海量的高清摄影图片，精美程度令人惊叹，用户可预览大图，并可以截图的方式使用在非商业用途的PPT上，如图4-37所示。

▲图4-37　图虫创意

7MX：高质量的摄影图片分享网站，如图4-38所示。

▲ 图4-38　7MX网站

4. 包罗万象的设计素材网站

设计素材类综合网站涵盖平面设计、网页设计、UI设计、视频制作等多种设计门类的素材，是寻找PPT插图的好去处。

昵图网：几乎所有设计师都会用到的素材网站，注册后只需要少量充值即可获得共享分。此外，用户也可以通过分享素材的方式赚取共享分。有了共享分就可免费下载海量的共享素材资源了，当然也包括高清图片。

不过，昵图网将素材分成共享图、原创交易图、商业用图三类，如图4-39所示。很多真正高质量的图片素材已不支持使用共享分下载，而是需要单独付费购买。建议"非人民币玩家"在筛选资源时直接选择共享图，在接受使用共享分下载的共享图类下搜索，避免浪费时间。

▲ 图4-39　昵图网素材分类

懒人图库：和昵图网相似的设计素材网站，资源也许不如昵图网丰富，但是该网站上的素材全部不限版权，可免费下载使用，如图4-40所示。

▲ 图4-40　懒人图库搜索关键词"红色背景"的结果界面

4.2　优化 PPT 中的图片素材

为了让图片更加满足需要，可能还需要对其进行一些修整。从改变图片大小、旋转图片方向、裁剪图片等基础的修图操作，到添加艺术效果、抠除图片背景等相对复杂的修图操作，都可以直接在PPT中完成。

4.2.1　调整图片位置、大小和方向

选中图片后，按住鼠标左键拖动即可随意改变图片的位置。按住【Shift】键的同时拖动图片，可将图片垂直或水平移动，如图4-41所示。若按住【Ctrl】键的同时拖动图片，可将当前图片复制至指定位置，如图4-42所示。

▲ 图4-41　按住【Shift】键移动图片

▲ 图4-42　按住【Ctrl】键复制图片

技能拓展 ＞ 通过键盘上的方向键调整图片位置

选中图片后，在键盘上按【→】键，图片将向右移动；按【←】键，图片将向左移动；按【↑】键，图片将向上移动；按【↓】键，图片将向下移动；按方向键的同时按住【Ctrl】键，图片将微移。

▲ 图4-43 图片控制点

选中图片时，图片四周将出现8个点。这些点便是图片大小的控制点，如图4-43所示。按住鼠标左键拖动这些节点就可以随意改变图片的大小；拖动节点的同时按住【Ctrl】键，图片将对称缩放，如图4-44所示；拖动节点的同时按住【Shift】键，图片将等比例缩放，如图4-45所示。

▲ 图4-44 对称缩放

▲ 图4-45 等比例缩放

图片上方还有一个旋转控制点，拖动这个控制点可随意旋转图片的方向。选中图片后，按【Alt+←】组合键可以让图片按照每次向左旋转15°的方式改变方向，如图4-46所示；按【Alt+→】组合键可以让图片按照每次向右旋转15°的方式改变方向，如图4-47所示。

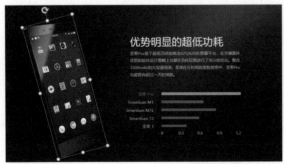

▲ 图4-46 向左旋转15°

▲ 图4-47 向右旋转15°

　　右击图片，在弹出的快捷菜单中选择"大小和位置"命令，打开"设置图片格式"窗格，如图4-48所示。在该任务窗格中可以设置图片的水平和垂直位置、高度、宽度、旋转角度等，可以更精确地调整图片位置、大小和方向。

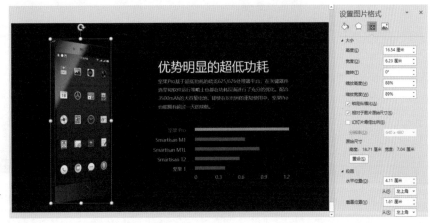

▶图4-48　"设置图片格式"任务窗格

4.2.2　裁剪图片

　　为了让图片展示的重点更突出，或让图片更便于排版（多张图片达到尺寸的统一），我们有时需要对图片进行裁剪。选中图片后，单击"图片格式"选项卡中的"裁剪"按钮，该图片就进入了裁剪状态，图片的四边及四个角都出现了裁剪图片的控制点，如图4-49所示。将鼠标指针置于控制点上，按住鼠标左键拖动控制点即可裁剪图片。和调整图片大小一样，拖动控制点的同时按住【Ctrl】键或【Shift】键可对称或等比例裁剪图片。

▶图4-49　裁剪控制点

　　裁剪图片后，还可再次单击"裁剪"按钮，返回图片裁剪状态，可以看到原图分成了被裁剪区域和保留区域两个部分，被裁剪部分显示为半透明的灰色，如图4-50所示。此时还可以操作原图的8个大小控制点及其旋转控制点。因此，仍然可以对原图进行移动、缩放、旋转操作，以调整保留区域的状态。

▶ 图4-50 裁剪图片

除了这种基础的裁剪图片的方式外，利用"裁剪"按钮下拉菜单我们还可以选择裁剪为形状、按比例裁剪两种方式。裁剪为形状即将图片的外形变成某个形状；按比例裁剪包含1:1（方形）、2:3（纵向）、3:2（横向）等多种，能够将图片裁剪为指定比例的图片。无论是裁剪为形状还是按比例裁剪，裁剪之后都可以再次单击"裁剪"按钮，返回图片裁剪状态，调整保留区域的图片状态。图4-51所示为裁剪为菱形的图片，图4-52所示为按16:9的比例裁剪的图片。灵活地使用图片裁剪功能，能让PPT的排版更有设计感。

▲ 图4-51 裁剪为菱形形状

▲ 图4-52 按16:9的比例裁剪

技能拓展 ＞ 巧用形状"相交"裁剪图片

选中图片后，再选中遮盖在图片上的形状，如图4-53所示。切换至"绘图工具"选项卡，选择"插入形状"组中的"合并形状"命令，在弹出的下拉列表中选择"相交"命令，即可将图片被形状遮盖的部分裁剪出来，如图4-54所示。

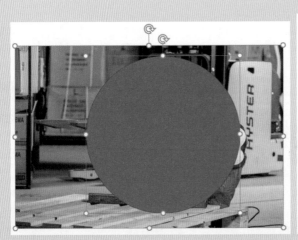
▲ 图4-53　按顺序选择对象

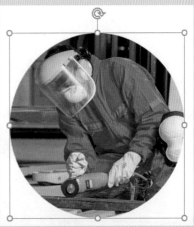
▲ 图4-54　裁剪后的效果

　　使用这种方式时可以预先编辑形状，如绘制等比例的圆形、等比例的心形，预制形状中没有的图形等（将图片裁剪为形状的方式，裁剪之后还需要调整才能裁剪成等比例的形状），指定原图需要保留的位置（调整形状覆盖图片的区域即可），且裁剪之后仍然可以单击"裁剪"按钮，返回裁剪状态，改变图片保留区域的状态。

4.2.3　一键特效

　　边框、阴影、映像、发光、柔化边缘、棱台、三维旋转……和艺术字相似，有时候图片也需要添加一些特殊效果，以提升其表现力。

　　边框： 一种简单的特效，当背景色与图片本身的颜色过于接近时，添加适当粗细和颜色的边框可以让图片从背景当中突显出来，如图4-55所示"刘小备"的头像。

　　阴影： 为图片添加阴影效果，如"外部"阴影（偏移为"中"），能够让图片产生浮在幻灯片页面上的视觉效果，如图4-56所示。

▲ 图4-55　为图片添加边框

▲ 图4-56　为图片添加阴影效果

　　映像： 映像效果模拟的是水面倒影的视觉效果，在PPT中为图片稍微添加一点映像效果，能够让图片看起来有一种立体感，如图4-57所示。

发光：为图片适当添加发光效果，能够起到视觉聚焦的作用，如图4-58所示的人物图片。

▲ 图4-57　为图片添加映像效果　　　　　▲ 图4-58　为图片添加发光效果

柔化边缘：某些背景下使用柔化边缘效果能够让图片与背景的结合更加自然。在黑色背景下使用力度较大（磅值高）的柔化边缘，可轻松做出暗角LOMO效果的图片，如图4-59所示。

棱台：简单的一些设置即可让图片具有凹凸的立体感，如图4-60所示的装裱在金属画框中的油画图片，该效果便是通过为油画图片添加金色边框，再使用棱台效果实现的。

▲ 图4-59　为图片添加柔化边缘效果　　　　▲ 图4-60　为图片添加棱台效果

三维旋转：可让原本平面化的图片具有三维立体的既视感，令人耳目一新，如图4-61所示。

图片的样式即组合应用调整图片大小、方向、裁剪、添加效果等操作后实现的图片风格。选中图片后，单击样式一键应用，能够减少很多操作。PowerPoint 2021中预制的图片样式有28种，常用的有如图4-62所示的幻灯片中的图片"便签"样式（应用了旋转、白色边框、棱台效果），适合校园风、青春系、怀旧情怀等轻松、非严肃场合下的PPT使用。

▲ 图4-61　三维旋转后的图片　　　　　　▲ 图4-62　"便签"样式

4.2.4 统一多张图片的色调

当一页幻灯片中配有多张图片时，由于图片明度、色彩饱和度差别很大，即使经过排版，整页幻灯片还是会显得凌乱不堪。此时，我们可以选择"图片格式"选项卡的"调整"工具组中的"颜色"命令，如图4-63所示，对图片重新着色，从而将所有图片统一为同一色系，如图4-64至图4-67所示。

▲ 图4-63　图片颜色调整设置

▲ 图4-64　重新着色前1（比较花哨）

▲ 图4-65　重新着色后1（色调统一）

▲ 图4-66　重新着色前2

▲ 图4-67　重新着色后2

同理，对于分处不同幻灯片页面但逻辑上具有并列关系的多张配图，也可以采用重新着色的方式来增强这些幻灯片页面的系列感。

如图4-68至图4-71所示的4页幻灯片，重新着色前色调不一。

▲ 图4-68　着色前页面1

▲ 图4-69　着色前页面2

▲ 图4-70　着色前页面3

▲ 图4-71　着色前页面4

　　重新着色（绿色）后的效果如图4-72至图4-75所示。

▲ 图4-72　着色后页面1

▲ 图4-73　着色后页面2

▲ 图4-74　着色后页面3

▲ 图4-75　着色后页面4

技能拓展 ＞ 以形状为遮罩改变图片色调

除了可以使用重新着色的方法外，用户还可以利用形状色块来改变图片的色调。在图片上方添加与图片同等大小的形状色块，并将色块设置一定的透明度。这样，形状色块就形成了遮罩效果，图片透过色块显示出来时，色调也就随之产生了变化。

大师点拨 ＞ 如何快速为多张图片重新着色？

多张图片位于同一幻灯片页面时，仅需选中这些图片，然后按给一张图片重新着色的方式执行即可完成多张图片的重新着色。若多张图片位于不同幻灯片页面，则先对一张图片执行重新着色操作，按【Ctrl+Shift+C】组合键复制该图片的属性，然后依次选择其他图片，按【Ctrl+Shift+V】组合键粘贴属性即可；或给一张图片重新着色后，依次选中其他图片，按【F4】键重复执行重新着色操作。

4.2.5　让图片焕发艺术魅力

在PPT中设置图片格式时，有一个类似Photoshop滤镜的功能，即"艺术效果"。添加"艺术效果"，只需要一些简单的操作，即可让效果一般的图片形成各种独特的艺术画风格，如图4-76所示。

不同的图片适合的艺术效果也不同。因此，添加艺术效果时，应多尝试、对比。除了某些特定的行业，日常的PPT中并不常使用艺术

▲图4-76　图片艺术效果设置

效果。在PPT提供的22种艺术效果中，主要推荐下面3种较常用的艺术效果。

1. 图样

图样效果能够令图片呈现出水彩画的感觉，制作中国风类型的PPT时，使用该效果常有奇效，如图4-77和图4-78所示。

▲图4-77　原图

▲图4-78　将原图设置图样艺术效果后的幻灯片页面

2. 虚化

虚化即模糊，在全图型 PPT 中，为了突出幻灯片上的文字内容或图片上的局部画面，用户可以使用虚化效果，让背景模糊弱化。如图4-79所示，作为幻灯片背景的水果图片色彩缤纷艳丽，对其使用虚化效果后，观众的视觉重点更容易集中在矩形及其内容上。在图4-80所示的幻灯片中，通过复制、裁剪的方式，对底部的图片进行虚化，令图片中心的蜜蜂看起来更清晰、突出。

▲图4-79　虚化背景

▲图4-80　虚化局部

大师点拨 > 　如何让一张图片以渐变的方式虚化？

在不使用 Photoshop、光影魔术手等专业图片处理软件的情况下，有没有办法让图片以渐变的方式从周围向中心逐渐清晰？有，借助柔化边缘效果便可轻松实现。将两张图片重叠在一起，上面的图为清晰的原图，下面的图为设置了虚化效果的图，接下来为上面的图设置较强的柔化边缘效果即可。

一个场景由清晰到渐渐模糊，使文字淡出，设置这样的动画效果非常简单。首先将同一张图片复制成两份，然后将两张图片重叠在一张幻灯片页面上。下面一层的图片为原图，为上面一层的图片设置虚化效果并添加缓慢淡出的动画效果，最后设置文字淡出的动画效果，如图4-81所示。

▲图4-81　文字淡出动画效果

3. 发光边缘

借助发光边缘效果，可以将图片转变成单一色彩的线条画，如图4-82所示。将图4-82中的埃菲尔铁塔原图变成线条画的具体方法如下。

步骤01 选中图片后，在如图4-83所示的"图片校正"选项组中将图片的清晰度、对比度均调整为100%。

步骤02 将图片重新着色为黑白75%，如图4-84所示。

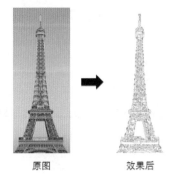

原图　　　　效果后

▲图4-82　线条图效果

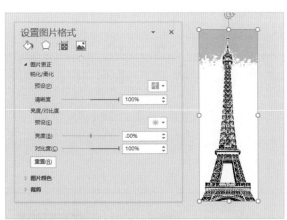

▲图4-83　调整图片清晰度、对比度

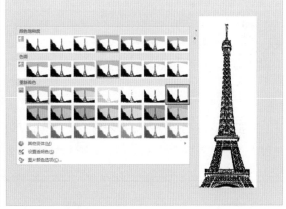

▲图4-84　为图片着色

步骤03 为图片应用发光边缘艺术效果，让原黑色部分反白，如图4-85所示。

步骤04 设置透明色，然后在图片黑色的背景上单击即可去掉黑色背景，线条画初步完成，如图4-86所示。

▲图4-85　应用"发光边缘"艺术效果

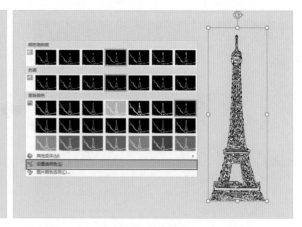

▲图4-86　设置图片背景为透明色

步骤05 按【Ctrl+X】组合键，将图片剪切，再按【Ctrl+Alt+V】组合键打开"选择性粘贴"对话框，将
图片转换为 PNG 图片，亮度设置为100%，如图4-87所示。这样，一张无底色的线条画就做
好了。

此时我们可以根据需要为线条画添加背景色，也可以为其重新着色，效果如图4-88所示。

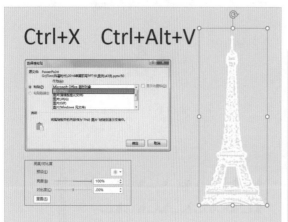

▲图4-87　选择性粘贴图片

▲图4-88　图片添加背景色和重新着色后的效果

只要是背景不是特别复杂的图片，都可以用这样的方法将其变成线条画。当扁平化、手绘风格
的PPT 需要小图标素材时，也可以用这种方式来做，如图4-89所示。

▲图4-89　制作小图标素材

4.2.6　抠除图片背景

Photoshop 有抠图的功能，能将图片的背景去除，只保留用户需要的部分，其实在 PPT 中也能进行抠图。PPT 中的抠图即"删除背景"，一些背景相对简单的图片可以直接在 PPT 中选择"删除背景"命令来抠图。

步骤01 选中图片后，选择"图片格式"选项卡中的"删除背景"命令（见图4-91），进入抠图状态。在该状态下，被紫色覆盖的区域为要删除的区域，其他区域为保留区域。

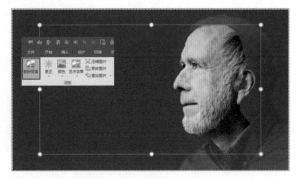

步骤02 利用"背景消除"选项卡中的"标记要保留的区域"和"标记要删除的区域"两个按钮，在图片上进行勾画，使人物轮廓从紫色覆盖中露出，让所有背景区域（黑色部分）被紫色所覆盖，如图4-91所示。

▲ 图4-90　查看要删除的区域

步骤03 勾画完成后，单击图片外任意区域，即可退出抠图状态，抠图就完成了。如图4-92所示，人像的黑色背景被去除，配色排版更方便了。

▲ 图4-91　勾画要删除的区域

▲ 图4-92　删除图片背景后的应用效果

技能拓展　使用"设置透明色"抠图

　　在制作线条画的内容中提到过，调整图片颜色时有一个"设置透明色"工具，选择该工具后单击图片中某个颜色，该颜色即变成透明。因此，某些背景色和要保留的区域颜色差别很大、对比明显时，我们还可以通过将背景色变为透明色的方式来抠图。不过，当背景色与保留区域颜色相近，或保留区域内有大片区域颜色与背景色一致时，这种方式的效果就不好了。

　　PPT 中"删除背景"的抠图效果毕竟不如 Photoshop 专业，即便非常仔细地设置保留区域，也难免抠得不够精细。此时，我们可以通过添加边框，以剪纸风格来掩盖图片细节上的缺陷，即围绕保留区域添加任意多边形，取消多边形的填充色，在"形状"下拉菜单中选择"任意多边形：形状"命令，拖动鼠标围绕图片保留区域绘制一个任意多边形，然后双击鼠标，退出绘制，取消多边形的填充色，设置多边形的边框色及粗细程度即可，效果如图4-93所示。

不过，若是对细节要求非常高的场合下，建议还是在Photoshop中完成抠图，导出PNG图片放在幻灯片中使用。

▶ 图 4-93　为图片添加边框

4.3　图片要么不用，用则用好

图片素材准备完毕后，接下来就是如何用图的问题了。PPT 高手会找图，更会用图，他们会让每一张图片以最佳的方式呈现，从而发挥图片应有的作用。

4.3.1　无目的，不上图

在PPT 中使用的图片应该都是带有某种目的性的，以个人喜好随意添加图片不仅不会增加PPT的含金量，还会让PPT的质量大打折扣。纵观优秀的PPT，主要在下面4种情况中使用图片。

1. 展示

以图片的形式展示作品、工作成果、产品及团队成员等，并进行辅助说明。有时候任何文字描述都不及一张图片直观、真实。如图4-94和图4-95所示中的两页PPT，同样的内容，配有效果图的这页PPT 能让观众直接体会到法式风情、新古典巴洛克艺术建筑的特点，从而在观众心中留下更为直观的印象。展示产品和设计作品时，一般会将PPT 的背景设置为黑色或灰色，以衬托图片本身。

▲ 图 4-94　页面配图前

▲ 图 4-95　页面配图后

2. 解释

某些概念用语言描述会显得有些苍白，让人摸不着头脑。如果配上图片，观众边看边听就能很好理解这些概念了。图4-96所示为小米公司解释小米MIX手机的悬臂压电陶瓷导声到底是什么的一页幻灯片，添加这样一组图片，普通观众也能基本理解这些略显专业的技术知识。

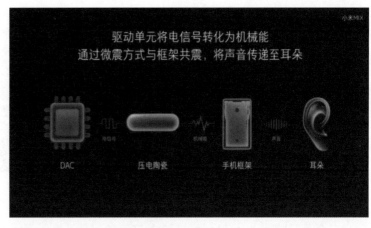

▲图4-96　选自小米MIX发布会PPT

3. 渲染

为了增强文字的感染力，有时需要添加图片来营造意境。在这种情况下，图片往往会以覆盖整个页面的全图方式出现。如图4-97所示的这页幻灯片，东江湖的实景美图让广告语更富感染力。

4. 增强设计感

将小图标、花纹图片等使用得好，能够增强PPT的设计感。如图4-98所示的这页PPT中的4个图标图片，让目录的排版具有了扁平化风格的设计感。

▲图4-97　利用图片增强文字的感染力

▲图4-98　图标图片

4.3.2　好图当然要大用

将图片拉大或稍微裁剪后，令其占据整页幻灯片，或图片为主、文字为辅，这种全图型的幻灯片页面比起以小图排版的幻灯片页面冲击力更强，视觉效果更震撼，也更能吸引观众的注意力。

图片是整页幻灯片的重点，图片中的细节需要让观众清楚地看到，图片本身精美程度较高，图片本身非常适合大图排版，该幻灯片页面需要达到渲染气氛的目的……在这些情况下，都建议选择全图型排版，如图4-99和图4-100所示。一般而言，选择全图型排版，图片本身应该非常精美且冲击力要强，否则即便用全图型排版，效果也不一定会好。

▲ 图4-99　采用全图型，与文字进行左右排版　　　　▲ 图4-100　该图片需要呈现给观众的细节非常多，适合全图型排版

在全图型排版的幻灯片中，图上的文字如何处理才能既醒目又不破坏整体的和谐，这是非常考验PPT设计者排版功力的地方。

应该巧妙利用图片本身的"留白区域"，在图片上没有内容或没有主要内容的区域排文字，如图4-101和图4-102所示。

▲ 图4-101　在蓝色天空部分排文字　　　　▲ 图4-102　文字排在非图片重点的窗外部分

技能拓展　＞　图片上的文字色彩选择

　　文字直接排在图片上时，为了让文字从图片中凸显出来，文字的颜色不宜与放置文字的图片背景颜色过于接近。用取色器吸取图片上的深色或浅色并应用于文字（图片背景为浅色，则用深色；图片背景为深色，则用浅色），这样既能使文字颜色与放置文字的图片区域颜色形成对比，达到突出文字的目的，也不会因为用了某个过于突出的颜色，而破坏了整个页面色彩体系的和谐。

根据图片本身的视觉焦点构图。当使用有人物的图片做全图型幻灯片时，还应根据人物的视线方向进行文字排版，这样能够制造一些趣味性，让画面显得更协调，如图4-104所示的效果就比图4-103所示的效果要好。

▲ 图4-103 文字不在人物视线方向上　　　　▲ 图4-104 文字在人物视线方向上

图片上不止一个人物且这些人物都在往同一个方向看的情况下，文字应排在所有人（或多数人）视线的焦点上，如图4-105所示。

▲ 图4-105 文字在所有人视线的焦点上

利用形状衬托文字。在文字下方添加形状，使其成为色块，从而将文字衬托出来，这种方式也能增强全图型幻灯片的设计感。如图4-106所示，直接在文本框下方添加整块矩形色块，色块颜色与背景形成差异（如图中的白色），文字颜色既可以取与被遮盖部分相近的颜色（如这里选择的黄色，偏重于色块的色调与画面色调的和谐），也可以取强烈的对比色（如图上屋顶的黑色，偏重于突出文字）。当幻灯片中仅有几个字时，可以在每个字下面添加色块来突出文字，如图4-107所示。

▲ 图4-106 文字色块与背景形成差异　　　　▲ 图4-107 为每个文字添加单独的色块

当幻灯片中有大段文字时，可以用更大的色块遮盖图片上重要性稍次的部分，然后将文字排版在色块上，如图4-108所示。也可以将大段文字放在半透明色块上，形成左右结构版式，但左右不一定要等分对称，如图4-109所示。

▲图4-108　在色块上添加文字

▲图4-109　在半透明色块上放置文字

另外，还可以添加从透明到不透明的渐变色色块蒙版，在蒙版上对大段文字进行排版，这样就可以遮住图片中不重要的内容，突出图片中最重要的部分，如图4-110所示。

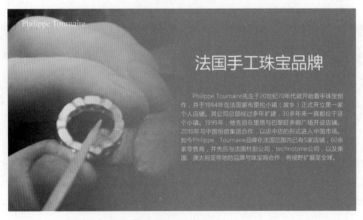

▲图4-110　在渐变色色块蒙版上添加文字

4.3.3 图多不能乱

当一页幻灯片中有多张图片时，最忌图片排版随意、凌乱。通过裁剪、对齐，让这些图片以同样的尺寸整齐地排列，页面会显得干净、清爽，观众看起来会更轻松。

图4-111所示为经典九宫格排版方式，所有图片都是同样的大小，也可将其中一些图片替换为色块，做一些改变。

图4-112所示的幻灯片中，图片被裁剪为同样大小的圆形并整齐排列。针对不同内容，也可将其图片裁剪为各种其他形状，如六边形。

▲ 图4-111 九宫格排版方式

▲ 图4-112 图片裁剪后排列

技能拓展 ▶ **使用表格布局九宫格图片版式**

对于九宫格类型的图片排版方式，我们还可以借助表格，使排版方式更灵活、整齐。首先，在幻灯片中插入一个与当前幻灯片尺寸一样的表格，并通过合并、拆分单元格，调整单元格大小等操作，将单元格数量调整到与待插入的图片数量一致。其次，将图片插入幻灯片中，根据即将被放入图片的单元格的大小，将该图片裁剪成与单元格大小一致（无须完全一致）。最后，将图片逐一复制到剪贴板上，然后以填充剪贴板图案的方式，逐一填充单元格，这样就将图片布局在了表格中。此时我们还可以通过设定表格线条颜色的方式，让图与图之间形成间隙（若无须线条间隔，则将表格线条颜色设置为与背景色相同即可），如图4-113所示。

▲ 图4-113 将图片排版在表格中

有时图片有主次、轻重等方面的不同，可以在确保页面规整的前提下，打破常规、均衡的结构，单独将某些图片放大进行排版。

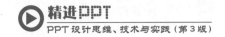

图4-114所示为经典的一大多小结构，大图更能表现三角梅景观的整体效果，小图表现的是三角梅花的细节。

图4-115所示为大小不一结构，表现空间较大的用大图，表现空间较小的用小图，看似形散，实则整饬。

▲ 图4-114　一大多小结构

▲ 图4-115　大小不一结构

图4-116所示为全图加小图结构，将捷豹C-X17整体的图片以覆盖整个幻灯片页的全图方式展现，并利用该图的非主要区域排列汽车细节的小图片。

某些内容我们还可以巧借形状，将图片排得更有造型。

图4-117所示为在电影胶片的形状上排LOGO图片，图片多的时候还可以让这些图片沿直线路径移动，以展示所有图片。

▲ 图4-116　全图加小图结构

▲ 图4-117　在电影胶片的形状上排版图片

图4-118所示为图片沿着斜向上的方向呈阶梯形排版，图片大小不一，呈现出更具真实感的透视效果。

图4-119所示为以圆弧形排版图片。以"相交"的方法将图片裁剪到圆弧上，这种排版方式的PPT在正式场合或轻松的场合均可使用。

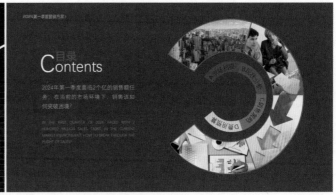

▲ 图4-118　呈阶梯形排版图片　　　　　　▲ 图4-119　以圆弧形排版图片

　　当一页幻灯片中的图片非常多时，还可以参考照片墙的排版方式，将图片排出更多花样。

　　图4-120所示为心形排版，每一张图可等大，也可大小不一，给人以亲密、温馨的感觉。

　　图4-121所示为文字形排版。有时可将图片排成有象征意义的字母，如这里的"H3"，代表汉文
3班。

▲ 图4-120　心形排版图片　　　　　　　　▲ 图4-121　文字形排版图片

4.3.4　一图当 N 张用

　　当幻灯片中仅有一张图片时，为了增强页面的表现力，通过多次对图片进行裁剪、重新着色等，
也能呈现出多张图片的设计感。

　　图4-122所示为将猫咪图用平行四边形截成各自独立又相互关联的4张图，既表现了局部的美，
又不失整体的"萌"感。

　　图4-123所示为从一张完整的图片中截取多张并列关系的局部图片并共同排版。

▲图 4-122　将图片载入形状中

▲图 4-123　截取图片不同的部分进行排版

图 4-124 所示为将一张图片复制多份，选择不同的色调分别对图片重新着色后排版。

▲图 4-124　用不同色调的同一张图片排版

4.3.5　利用 SmartArt 图形排版

如果你不擅长排版，那就用 SmartArt 图形吧。SmartArt 本身预制了各种形状、图片排版方式，你只需要将形状全部或部分替换，填充为图片，即可轻松将图片排出丰富多样的版式，如图 4-126 至图 4-128 所示。

▲图 4-125　竖图版式

▲图 4-126　蜂巢形版式

▲ 图4-127　金字塔形版式
（填充后对图片进行了重新着色）

▲ 图4-128　瓦片式版式
（部分填充图片，部分填充颜色）

神器3：拼图好工具——CollageIt Pro

对于PPT基本功比较扎实的人来说，在PPT中将多张图片拼成图片墙难度并不高，只是操作烦琐，比较耗费时间而已。为了提升效率，我们可以直接使用第三方软件来完成这个操作过程。CollageIt Pro 便是一个不错的选择，特别是在拼合大量图片的情况下，操作更是方便。下面讲解一下用CollageIt Pro拼图的操作过程。

步骤01 启动软件后，会自动弹出对话框，提示选择一种拼图模板，如图4-129所示。

步骤02 选择模板后，进入软件主界面，将所有图片拖入"照片列表"区。这些照片将自动按选定的模板完成拼合，如图4-130所示。我们可以在软件中继续对照片墙的尺寸、背景、照片间隙、照片位置、照片裁剪区域等进行调整、设置。

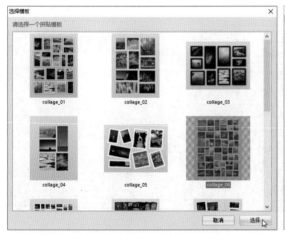

▲ 图4-129　选择拼图模板　　　　　▲ 图4-130　图片拼图

步骤03 调整完成后，单击"输出"按钮，即可将照片墙以图片形式保存在硬盘中。此时便可以将保存的图片插入幻灯片中使用了，如图4-131所示。

▲图4-131　PPT效果

神器4：去水印好工具——Inpaint

找到的图片素材有水印，又不会使用软件修图，此时该怎么办？不用愁，使用Inpaint就可以轻松去除水印。Inpaint是一款强大且使用方便的图片去水印软件，用户只需选中水印区域，软件便会自动计算、擦除，使图片看起来没有水印痕迹。操作步骤如下。

步骤01 安装Inpaint软件后，打开有水印的图片，使用移除区功能在水印上画上红色的痕迹，单击"参考区"按钮，软件便会自动选择需要参考的区域，如图4-132所示。

步骤02 单击界面上方的"处理图像"按钮，即可完成消除图片水印的操作，效果如图4-133所示。

▲图4-132　选择水印区域，软件自动选择参考区域

▲图4-133　去除水印的效果

神器5：去背景好工具——removebg

本章前文中介绍了使用PPT软件抠图，去除图片背景的方法，其实在实际工作中，更好的选择是借助智能抠图工具快捷地去除图片背景，提升制作PPT的效率。智能抠图工具推荐使用removebg在线抠图（网址：www.remove.bg/zh），这一工具网站使用方法非常简单，只需把图片上传到网站后台，即可自动识别图片主体，完成抠图，几乎无须任何手动框选操作，具体步骤如下。

步骤 **01** 在浏览器中打开removebg网站，单击网页中"上传图片"按钮，找到并上传需要扣除背景的图片，如图4-134所示。

▶图4-134　上传图片

步骤 **02** 等待数秒网站将自动完成背景消除，如效果符合需求则单击右侧"下载"按钮，下载图片即可，若还需稍加调整，则单击图片右上方的"编辑"按钮，进行进一步编辑，待达到自己想要的效果后再下载，如图4-135所示。

▶图4-135　下载图片

中篇

技术——手段硬效率高

Chapter 05

可视化幻灯片的三大利器

　　信息可视化，是将信息转化为图形、图像呈现，

　　让长篇累牍的文字更直观、易读。

　　制作 PPT 时，对于信息量较大的幻灯片，你是否尝试过可视化处理？

　　例如，将枯燥的文字叙述转化为形状；将并列关系的内容转化成表格；将对比数据转化成统计图表。

　　……

　　可视化幻灯片的三大利器：

　　形状、表格、图表，

　　你真的会用吗？

5.1　令人惊叹的形状

"形状"是幻灯片页面中一种特殊的元素，可修剪、可变形、可绘图、可装饰……其可操作性和实用性都非常大，在幻灯片可视化设计中更是不可或缺。

5.1.1　形状的用法

刚接触PPT时，对"形状"的认识，很多人可能都停留在把它作为"一个普通的页面元素"直接使用，即只是用形状的外形来表达特定的内容。比如，用一个椭圆形来表达地球运行的轨道，用一个对话气泡来呈现某人说的话等，如图5-1和图5-2所示。其实，除了直接用其形，形状还有很多用法。

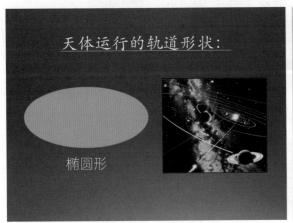

▲ 图5-1　天体运行的轨道"椭圆形"形状　　　▲ 图5-2　对话框"气泡"形状

1. 作为色块，衬托文字

将形状作为色块，置于重要文字内容的下层，能够起到衬托的作用，从而突出文字内容。如图5-3所示，添加一个圆形，将"24h"衬托得更加突出。又如图5-4所示，在文字的小标题下层添加对角圆角矩形，使小标题从大篇的内容中凸显出来。

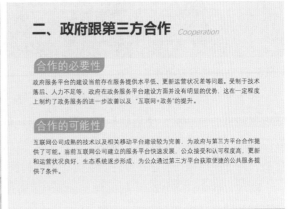

▲ 图5-3　用圆形衬托文字　　　　　　　▲ 图5-4　用对角圆角矩形衬托文字

当文字置于图上时，很可能因为图片本身比较复杂，而影响观众对文字的阅读。此时，可以在文字与图片之间添加一个形状将其作为色块，将文字从图片上衬托出来，如图5-5所示。

▲ 图5-5　使用色块衬托标题

2. 作为蒙版，弱化背景

在全图型幻灯片中，既不希望让文字内容受图片影响，又不希望图片被形状完全遮挡，此时便可以利用带有一定透明度（在"设置形状格式"窗格中设置）的形状作为图片蒙版（类似Photoshop中的图层蒙版）来解决这一问题。如图5-6所示，文字直接添加在图片上，由于图片本身比较复杂，阅读有些不便。如图5-7所示的幻灯片，在文字与图片之间添加了一个透明度为34%的矩形形状，既让文字便于阅读，又没有完全遮挡底层的图片，同时还形成了一种不错的设计感。

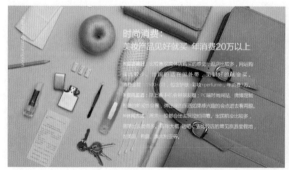

▲ 图5-6　添加蒙版前的效果

▲ 图5-7　添加蒙版后的效果

作为蒙版的形状还可以设置为渐变填充。渐变的形状中，部分区域设置较高的透明度，部分区域设置较低的透明度，使形状形成一种半遮半掩的效果。这种形状在各式各样的背景图片上排版时，都能实现灵活处理。如图5-8所示，图片与文字之间添加了渐变色形状蒙版，该形状蒙版左下角透明度高，用于突出城市；右上角透明度低，用于衬托文字。

同理，我们还可以使用局部镂空的形状（通过"合并形状"→"剪除"命令），使背景图的局部透过形状的镂空部分显示出来，而其他部分则被形状遮盖。这样能够起到弱化干扰、突出图片重点位置的作用，如图5-9所示。

▲图5-8　突出重点，弱化背景

▲图5-9　全部镂空形状蒙版的效果

3.作为装饰，辅助设计

为了增强页面的设计感，以合适的形状作为装饰也能取得不错的效果。如图5-10所示的幻灯片，纯粹的文字内容显得有些单调枯燥，而图5-11所示的幻灯片页面下方添加了两个形状（填充色须符合整个PPT的色彩规范），效果立刻就不一样了。

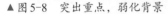

▲图5-10　纯文字的效果

▲图5-11　添加形状装饰后的效果

在页面下方添加长条矩形是简单、常见的一种做法。当然，也可以添加其他形状，如图5-13所示，页面中添加了一个特殊的梯形，明显比图5-12所示的页面更有设计感。

▲图5-12　添加梯形前的效果

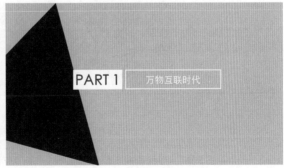

▲图5-13　添加梯形后的效果

当同一页面中有多张图片、多个图标时，可以通过添加统一的形状来辅助排版。如图5-14所示，各个合作伙伴的LOGO造型各异，虽然将这些LOGO排成了九宫格，但依然达不到整洁的视觉效果。而图5-15所示的页面中，将每个LOGO分别置于一个圆角矩形中，从而实现了LOGO的整齐化。

▲ 图 5-14　添加圆角矩形前的效果　　　　　▲ 图 5-15　添加圆角矩形后的效果

4. 作为素材，矢量鼠绘

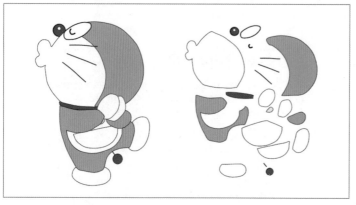

在 PPT 中，形状是矢量的图形，通过设置边框、自定义色彩等可为其添加效果。右击形状后在快捷键菜单中选择"另存为"命令，可将形状导出为 JPG/PNG 等常见格式的图片，也可导出为不受尺寸变化影响的 WMF/EMF 矢量格式的图片。因此，只要能灵活运用各种形状，使用 PPT 也能绘制出令人惊叹的矢量格式的电子绘画作品，甚至是印刷作品。图 5-16 所示为锐普 PPT 网友绘制的卡通机器猫；图 5-17 所示为 PPT 达人"不说话的溜溜球"耗时两天鼠绘的"言叶之庭"，其中有不下 3000 个形状。

▲ 图 5-16　卡通机器猫

▲ 图 5-17　形状绘制"言叶之庭"

5. 作为工具，裁剪转化

在介绍字体的章节中，我们提到过借助"剪除"命令将字体转换为形状，在介绍图片的章节中，又提到利用形状灵活裁剪图片。在这两种用法中，形状作为一种工具，作用也不容小觑。

5.1.2 不做这两件事，不算懂形状

知道如何插入形状，知道按住【Shift】键可以插入等比例的形状，知道如何设置形状填充色、轮廓色……你就认为对形状已经很了解了，实际上还远远不够。唯有极致，方能成就高手。掌握形状，叩开成为高手的大门，须先做好下面这两件事。

1. 记住所有的形状快捷键

使用快捷键来操作，能够加快绘制、编辑形状的速度，也能给你带来使用形状的乐趣。在PPT所有的快捷键中，关于形状的快捷键有很多，如表5-1所示。

表5-1　与形状相关的快捷键

快速打开形状选取面板	Alt→H→S→H
快速打开形状填充色选择面板	Alt→J→D→S→F
快速打开形状轮廓色选择面板	Alt→J→D→S→O
快速呼出形状格式设置对话框	Alt→H→O
快速复制一个相同形状	Ctrl+D
快速调节窗口比例，放大缩小查看形状细节	Ctrl+滚轮
快速组合形状	Ctrl+G
按15°一次，顺/逆时针旋转形状	Alt+→/←
进入形状内文字编辑状态	F2
复制形状的属性/将复制的属性粘贴至选中的形状	Shift+Ctrl+C/V

2. 把每一个形状都画一遍

掌握形状的用法不能停留在常用的几个形状上，应对软件预制的所有形状都一清二楚。尝试把PPT软件预制的形状都画一遍，查看在分别设置填充色和轮廓色后各个形状的效果。调整形状的变形控制点（黄色），观察其发生的变化……做到心中一清二楚，使用时才能得心应手。

这里整理了一些新手容易忽略的点。

插入横、竖文本框不一定非得在"插入"选项卡下完成，还可以直接在"基本形状"中选择绘制，如图5-18所示。气泡形可通过泪滴形变形得到，如图5-19所示。

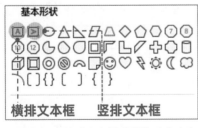

▲ 图5-18　在"基本形状"中的文本框

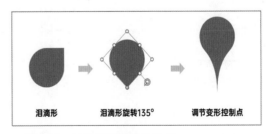

▲ 图5-19　泪滴形变形成气泡形

笑脸图形可以通过变形控制点调成苦瓜脸，如图5-20所示。弧形线条填充之后可以变成扇形，通过调整变形控制点还可进一步将其调整成各种度数的饼形，如图5-21所示。

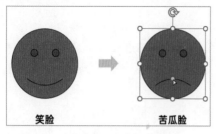

▲ 图 5-20　笑脸图形变成了苦瓜脸

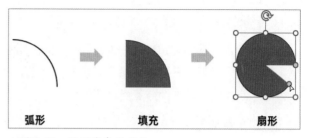

▲ 图 5-21　弧形线条的变化

绘制任意多边形时，按住【Shift】键可以绘制规则线段（角度为45°的倍数，如水平、垂直、45°倾斜线段）；按住鼠标右键进行拖动，可以绘制自由曲线轮廓的形状，如图5-22所示。

插入形状时，在要绘制的形状上右击，选择"锁定绘图模式"命令，如图5-23所示，即可进入绘图模式状态（鼠标指针变为"十"字形时可以连续插入多个选定的形状）。待绘图完成后，按【Esc】键，即可退出绘图模式。

▲ 图 5-22　绘制自由曲线轮廓的形状

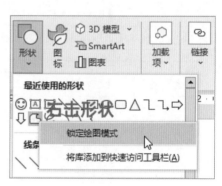

▲ 图 5-23　锁定绘图模式

5.1.3　创造预制形状之外的形状

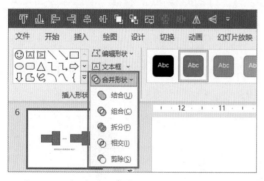

▲ 图 5-24　合并形状命令

PPT 预制的形状里没有想要的形状时怎么办？如图5-24所示，PowerPoint 2021中的"合并形状"命令也许能解决这个问题。软件预制的形状有限，但想象力无限。通过一次或多次合并形状操作，利用现有的软件预制形状就能创造出你想要的形状。

一次"合并形状"操作不局限于两个形状，也可以是多个形状。按住【Shift】键依次选择形状，然后选择相应的"合并形状"工具，即可对所选形状执行合并操作。

1. 结合

结合即将先选择的形状与随后选择的形状合并在一起，成为一个形状（非一个临时性的"组合"）。形状无相交部分时，结合前与结合后无太大变化，只是设置填充色、轮廓色时，两个或多个形状可以一次性设置，如图5-25所示。

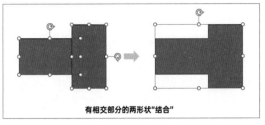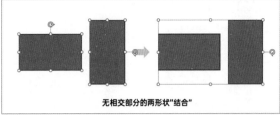

▲ 图 5-25 形状结合

2. 组合

此处所说的组合与选中形状后按【Ctrl+G】组合键所形成的临时性组合意义不同，这里是将两个形状合并在一起，使其成为一个形状。与"结合"不同的是，有相交部分的两个形状组合后将剪除两个形状的相交部分，无相交部分的两个形状组合后与结合相同，如图5-26所示。

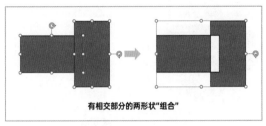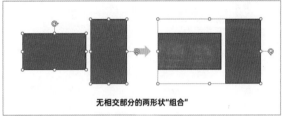

▲ 图 5-26 形状组合

3. 拆分

将有重叠部分的两个形状分解成A、B及两个形状重叠的部分。执行结果如图5-27所示。无相交部分的两形状不存在"拆分"操作。

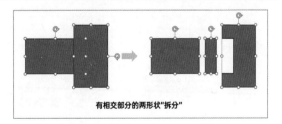

▲ 图 5-27 有相交部分的两个形状"拆分"

4. 相交

将有重叠部分的两个形状的非相交部分去除，如图5-28所示。无相交部分的两个形状不存在"相交"操作。

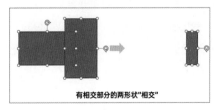

▲ 图 5-28 有相交部分的两个形状"相交"

5. 剪除

"剪除"即用后选择的形状去"剪"其与先选择的形状相交的部分，操作时须注意选择形状的顺序，选择的顺序不同，得到的结果可能就不同。有相交部分的两个或多个形状执行"剪除"操作后，去除形状的重叠部分及后选择的形状自身，无相交部分的两个或多个形状执行"剪除"操作后，将保留首先选择的形状，去除所有后选择的形状，如图5-29所示。

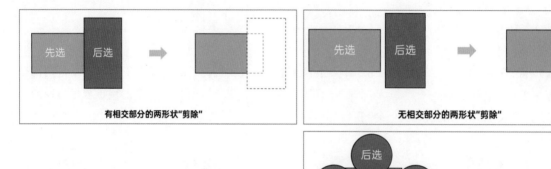

▶ 图5-29　形状剪除

6. 使用"合并形状"创造安卓机器人形状

步骤01 添加一条"弧形"线条并设置填充色，调节其变形控制点使之成为一个半圆形。在半圆形上添加一个小圆形，并再复制一个，然后将它们调整至合适位置。选择半圆形，再选择两个小圆形，接着执行"剪除"操作，安卓机器人的头部和眼球就基本画出来了，如图5-30所示。

步骤02 添加一个圆角矩形，向右旋转90°，并通过变形控制点将圆角矩形调节为圆边长条。复制3个稍大些和2个稍小些的圆边长条作为安卓机器人的手脚和天线，如图5-31所示。

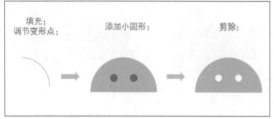

▲ 图5-30　剪除形状，绘制安卓机器人头部

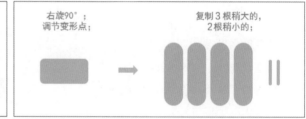

▲ 图5-31　绘制手脚和天线

步骤03 添加一个稍方的圆角矩形，再添加一个矩形遮盖住圆角矩形的上半部分位置。选择圆角矩形，再选择矩形，接着执行"剪除"操作，这样就得到了安卓机器人的身体，如图5-32所示。

步骤04 将两个稍小的圆边长条分别按顺、逆时针旋转30°，然后将其调整至安卓机器人头部形状的合适位置，接着执行"结合"操作。这样，一个带天线的安卓机器人头部就做好了，如图5-33所示。

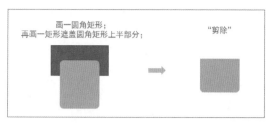

▲图5-32　绘制身体

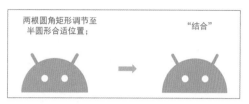

▲图5-33　调整天线

步骤 05 将4个圆边长条调整至安卓机器人身体的合适位置，充当机器人的手和脚，接着执行"结合"操作。这样，一个带手脚的安卓机器人身体就做好了，如图5-34所示。

步骤 06 将做好的安卓机器人的头部和身体调整在一起，执行"结合"操作，一个完整的安卓机器人形状就做好了，如图5-35所示。

▲图5-34　调整手和脚

▲图5-35　组合机器人

在绘制安卓机器人的过程中，只用到了弧形线条、圆形、圆角矩形和矩形四种形状，以及"合并形状"中的"剪除""结合"两种操作。其实很多复杂的形状也可以像绘制这个安卓机器人形状一样，通过一些简单的预制形状合并出来，并没有想象的那么难！

5.1.4　深度"变形"，先辨清三大概念

在新版的PPT软件中，除了调节形状上的变形控制点来使某个形状发生特定的形变外，还可以通过"编辑顶点"功能使形状产生更为精细的形变。不过，要学会使用稍微复杂一些的"编辑顶点"功能，首先必须辨清有关"编辑顶点"的三大概念。

1. 三种类型的顶点

在形状上右击鼠标，选择"编辑顶点"命令即可进入顶点编辑状态。进入该状态后，单击任意一个控制点（小黑点）都会出现两个控制杆，调整控制杆末端的白色方块（我们称之为"句柄"），可以使形状的形态发生相应的弯曲变化。PPT中有三种类型的顶点，右击小黑点，快捷菜单中勾选的类型便是当前顶点的类型。如图5-36所示，小黑点的右键菜单中勾选的是"平滑顶点"，说明这一顶点为平滑顶点。

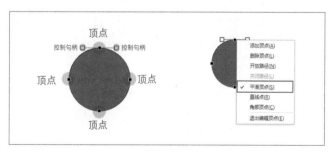

▲图5-36　顶点类型

形状顶点共有三类：角部顶点、平滑顶点、直线点，三类顶点可自行设置、互相转换。不同类型的顶点在调整时会发生不同方式的改变。了解三种顶点各自的特征，可以让我们在编辑顶点时更好地操作。

角部顶点：调整一个控制句柄时，另一个控制杆不会发生改变的一种顶点。在 PPT 软件预制的形状中，有的图形默认只有一个角部顶点，如圆形；有的默认有多个角部顶点，如三角形有三个角部顶点，如图5-37所示。

平滑顶点：调整一个控制句柄时，另一个控制句柄位移的方向及其控制杆的长度与当前调整的控制句柄及控制杆同时发生对称变化，如图5-38所示。因此，如果我们需要让两个句柄同时发生改变，则可以分别右击这两个顶点，然后在快捷菜单中将当前顶点设置为平滑顶点。

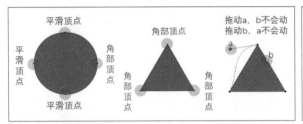

▲ 图5-37　角部顶点　　　　　　　　　　　　　　　　　▲ 图5-38　平滑顶点

▲ 图5-39　直线点

直线点：调整一个控制句柄时，另一个控制句柄位移的方向与该控制句柄发生对称改变，而控制杆的长度不发生改变。例如，环形箭头上方的一个顶点默认便是直线点（非等比例绘制情况下），如图5-39所示。

技能拓展 ▷　【Ctrl】【Shift】【Alt】键在编辑顶点状态下的作用

　　【Ctrl】键：按住【Ctrl】键不放，在顶点上单击，可快速删除该顶点，在线段上单击可快速添加一个顶点。在角部顶点、平滑顶点上按住【Ctrl】键调整某个控制句柄，可将该顶点转化为直线点并使之发生与直线点一样的变化。

　　【Shift】键：在角部顶点、直线点上按住【Shift】键调整某个控制句柄，可将该顶点转化为平滑顶点，并使之发生与平滑顶点一样的变化。

　　【Alt】键：在平滑顶点、直线点上按住【Alt】键调整某个控制句柄，可将该顶点转化为角部顶点，并使之发生与角部顶点一样的变化。

　　总而言之，三个键恰好可以让形状的顶点在直线点、平滑顶点、角部顶点三种顶点类型之间转换，而【Ctrl】键还多了一个快速添加、删除顶点的作用。

---

2. 抻直弓形与曲线段

抻直弓形：当线段为曲线段时，在该线段上右击，在快捷菜单中选择"抻直弓形"命令，可快速将该曲线段变成直线段，如图5-40所示。

曲线段： 与抻直弓形相反，在线段为直线段的状态下，选择"曲线段"命令可快速将该直线段变成曲线段，如图5-41所示。

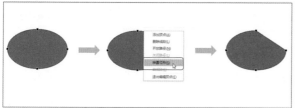

▲ 图5-40　抻直弓形

▲ 图5-41　曲线段

3. 关闭路径与开放路径

闭合路径： 形状的轮廓线条形成封闭状态，填充色填充在其封闭空间中，如图5-42所示。

开放路径： 形状的轮廓线条处于首尾不相接、形状不封闭的状态，如默认的弧线、曲线等。开放路径下，填充色填充在开放路径首尾两个顶点连接起来的封闭空间中，如图5-43所示。

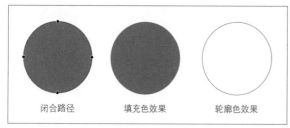

▲ 图5-42　闭合路径

▲ 图5-43　开放路径

若要将默认为关闭路径的形状转换为开放路径的形状，只需在路径中要开放位置的顶点上右击，然后选择"开放路径"命令即可，如图5-44所示。而若要将默认为开放路径的形状转换为闭合路径的形状，则在路径上的任意位置右击，在快捷菜单中选择"关闭路径"命令，即可将两个开放顶点自动以直线连接起来，形成闭合路径，如图5-45所示。

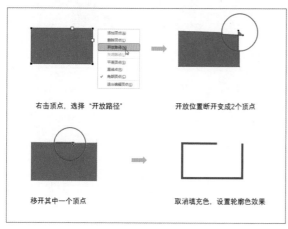

▲ 图5-44　关闭路径转换为开放路径

▲ 图5-45　开放路径转换为关闭路径

开放路径不能进行形状剪除、结合、组合等操作，必须将形状转化为闭合路径才能进行相关操作。

4. 编辑顶点绘制苹果图标形状

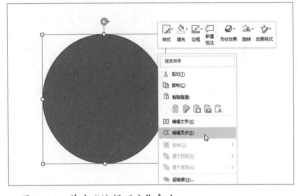

▲图5-46　单击"编辑顶点"命令

步骤01 在幻灯片正中间插入一个圆形（画椭圆时按住【Shift】键），大小随意（本例中添加的圆形直径为7cm），右击圆形，选择"编辑顶点"命令进入形状顶点编辑状态，如图5-46所示。

步骤02 为画图方便，按【Alt+F9】组合键开启页面参考线，并按住【Ctrl】键（将鼠标指针置于中心参考线上，按住【Ctrl】键同时拖动鼠标即可新建一条参考线）添加如图5-47所示的一些参考线（除原本的中心参考线外，横向添加4条，其中2条刚好穿过圆形的上、下两个顶点，

另外2条与这2条稍微间隔一定距离，上面2条参考线的间距与下面2条参考线的间距必须一致。再添加纵向的2条参考线，与纵向的中心参考线间隔相同的距离即可，本例中参考线值为1.8）。

步骤03 在圆形的路径与新增的2条纵向参考线交接的位置添加4个顶点（按住【Ctrl】键单击路径即可），如图5-48所示。

步骤04 将刚添加的4个顶点分别拖动到最上面和最下面一条横向参考线与新增的2条纵向参考线相交的位置，如图5-49所示。

步骤05 删除当前路径两边上的两个顶点（右击或按住【Ctrl】键单击），如图5-50所示。

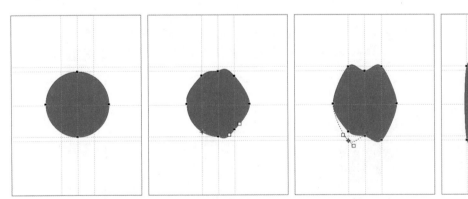

▲图5-47　增加参考线　　▲图5-48　添加顶点　　▲图5-49　拖动顶点　　▲图5-50　删除顶点

步骤06 检查或设置当前路径的6个顶点，确保纵向中心参考线穿过的两个顶点为平滑顶点，另外2条纵向参考线穿过的顶点为角部顶点，进而利用顶点的特征，调节控制句柄，使形状变为如图5-51所示的圆滑路径。

步骤07 添加一个稍小的圆形（本例中添加的是直径为4.7cm的圆形）并将其放置在如图5-52所示的位置上（参照苹果公司标志）。选择变形后的图形，再选择小圆形，然后执行"剪除"操作。

步骤08 经过上述操作，苹果标志的主体部分也就做好了，如图5-53所示。

步骤 09 添加一个任意大小的正方形，然后进入顶点编辑状态（见图5-54），将左上角和右下角的顶点删除。

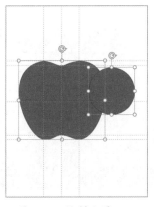

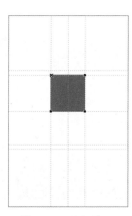

▲ 图5-51 调整顶点类型及控制句柄　　▲ 图5-52 绘制小圆　　▲ 图5-53 形状剪除后的效果　　▲ 图5-54 正方形

步骤 10 调节正方形剩下2个顶点的控制句柄，参照苹果标志上部分的形态，使形状发生形变，如图5-55所示。

步骤 11 参照苹果标志，将刚做好的苹果标志的上半部分与之前做好的主体部分放在一起，并将大小、位置调整合适。选中两个形状，执行"结合"操作，将两个部分结合成一体，如图5-56所示。

步骤 12 苹果标志做好后，我们可以更换形状的填充色、轮廓色等，如图5-57所示。

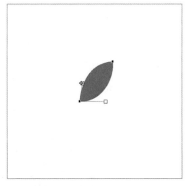

▲ 图5-55 编辑顶点　　▲ 图5-56 结合形状　　▲ 图5-57 填充形状

在整个绘制过程中，最为关键的是控制句柄的调节。这里在添加顶点时，用到了参考线，调节控制句柄时同样可以结合参考线来使顶点的左、右或上、下两个句柄的位移更准确。

如想把两个控制句柄移动到相同、相对、垂直、45°、135°等特殊位置，结合参考线来调节会方便很多。新手在学习编辑顶点时，可以采用临摹（照着现成的一些图形绘制形状）的方法，慢慢体会两个控制句柄在不同位置时形状发生的形变，逐步积累才能实现自我创造形状。

5.2 被忽视的表格

作为非专业表格处理软件中的表格，PPT中表格的作用常被忽视。什么情况下你会想到插入一张表格呢？按时间顺序罗列各个时间阶段的活动安排时，汇报年度内各种开支项目预算安排时，展示一周的课程计划时……让那些成组的信息以条理清晰的方式呈现，表格在幻灯片信息的可视化转换中的作用不容忽视，如图5-58和图5-59所示。

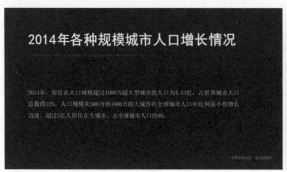

▲ 图5-58　正文内容转化为表格前　　　　　　　　▲ 图5-59　正文内容转化为表格后

5.2.1　在PPT中快速插入表格的3种方法

选择合适的方法，插入符合要求的表格的同时，要减少后续可能产生的进一步编辑操作。在PPT

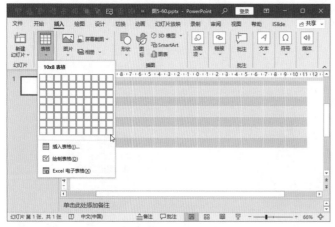

中插入表格，不建议采用绘制表格的方式（操作过多），我们推荐以下3种方法。

1. 插入 8 行 10 列以内的表格

插入表格前须先根据内容情况预估表格需要的行数、列数。若是8行10列以内的表格，可直接单击"插入"选项卡"表格"组中的"表格"按钮，在下拉列表中拖动选择需要插入的表格的行数和列数，如图5-60所示。

▲ 图5-60　选择表格的行数和列数

大师点拨 ▶ **带一条或两条斜线的表头怎么画？**

很多表格的表头中会有一条或两条斜线，指示头行、头列及表中内容分别是什么。在 PPT 的表格中，带一条斜线的表头可直接通过对表头单元格添加"斜下框线"的方式绘制。而带两条斜线的表头，可通过添加"直线"形状（与表格框线磅值、颜色一致）的方式手动设置。无论是带一条斜线还是两条斜线的表头单元格，其中的文字都需要通过添加文本框的方式手动添加在合适的位置。

2. 自行设定表格的行数和列数

当需要的表格超过8行10列时，可打开"插入表格"对话框，在其中输入具体的行数、列数。例如，插入一张12行3列的演出活动安排表，可按如下步骤操作。

步骤01 由于表格的行数无法在表格绘制区直接绘制。因此，必须在"表格"下拉列表中选择"插入表格"命令，打开"插入表格"对话框，输入行数值12，列数值3，然后单击"确定"按钮，如图5-61所示。

步骤02 在当前幻灯片中插入了一张12行3列的表格，在表格中输入需要的数据，并根据需要对表格进行编辑。最后完成的计划表格如图5-62所示。

▲ 图5-61　通过对话框插入表格

▶ 图5-62　表格效果

3. 从 Word/Excel 中复制插入

如果是 Word/Excel 中已有的表格，或只需要稍作修改的表格，将其直接复制到幻灯片页面中进行编辑即可。若觉得在 Word/Excel 中编辑表格比较方便，也可以在这两个软件中将表格编辑好之后再复制到幻灯片中使用，如图5-63和图5-64所示。

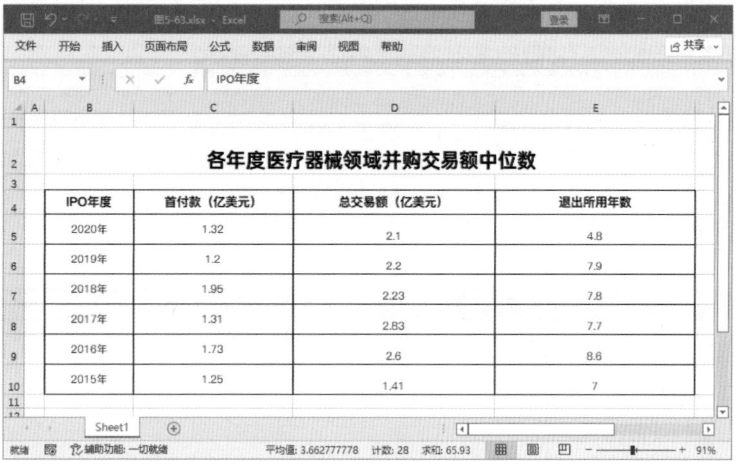

▶ 图5-63　Excel 中的表格

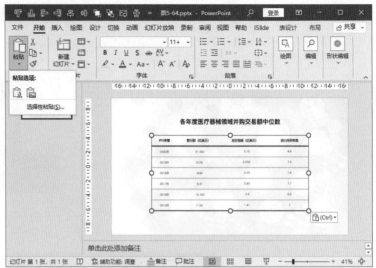

▶ 图 5-64　复制到幻灯片中的效果

大师点拨 ＞　为什么表格从 Excel 复制到幻灯片后中，格式全变了？

　　从 Excel 中复制表格再粘贴到幻灯片中，默认的粘贴方式为"使用目标样式"，即表格粘贴到幻灯片中后自动套用幻灯片所使用的主题、色彩搭配。要保持 Excel 中设置好的格式（背景颜色、边框颜色、字体、字号等），粘贴时可在"开始"选项卡"粘贴"按钮下选择以"保留源格式"方式粘贴。其他几个粘贴选项中，"嵌入"是以 Excel 工作表对象的方式粘贴，即粘贴之后仍然保留 Excel 的编辑功能，双击表格将自动在 Excel 中打开该表格；"图片"是指将表格转换为增强型图片粘贴在幻灯片中；"只保留文本"则是指只粘贴表格的文字内容到幻灯片中。

5.2.2　编辑表格前先看懂5种鼠标指针形态

　　在表格的不同位置上，鼠标指针会变成不同的形态。看懂5种鼠标指针形态，再结合表格的"表设计""布局"选项卡中的一系列命令（见图5-65和图5-66），即可轻松按照自己的需要编辑表格，比如，合并单元格、调整表格线条样式、改变表格色彩等。

▲ 图 5-65　"表设计"选型卡

▲ 图 5-66　"布局"选型卡

1. 移动形态

在选中幻灯片中的表格后，把鼠标移动到四边时，鼠标变成四个箭头形状的样式（✥），此时按住鼠标左键不放，拖动鼠标可以移动表格，改变表格在幻灯片中的位置，如图5-67所示。

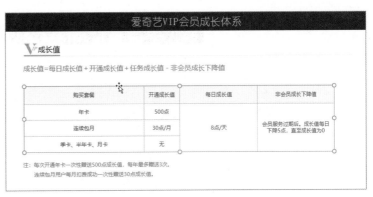

▲ 图5-67　移动形态

2. 选择表格中某一单元格形态

将鼠标指针移动到表格中某一单元格左下角时，鼠标指针将变成斜向右上方的箭头形态（➚），单击鼠标即可选中该单元格，然后继续按住鼠标左键并拖动，可选中横、纵向相邻的某些单元格，如图5-68所示。选中某个单元格后，按住【Shift】键再单击不邻近的某个单元格，可以选中这两个单元格之间的单元格区域。

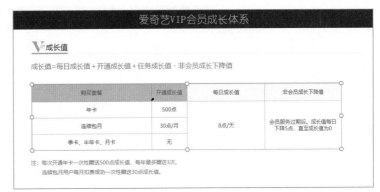

▶图5-68　选中某一
单元格形态

3. 选择行、列形态

当鼠标指针停在表格某行或某列前、后位置时，鼠标指针将变成指向该行或列箭头形态（→或↓），单击即可选中整行或整列，如图5-69和图5-70所示。同理，此时按住鼠标左键拖动即可选中相邻的行或列。

▶ 图5-69　选择某一行形态

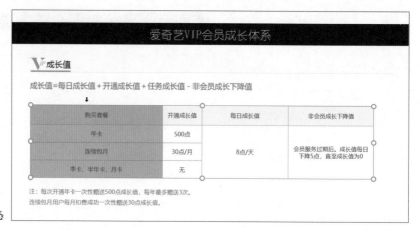

▶ 图 5-70　选择某一列形态

4. 调整行高、列宽形态

当鼠标指针停在表格的内部框线上时，鼠标指针将变成 ╫ ÷ 状（若表格处于选中状态，调整位于表格边缘部分的列或行时，鼠标指针需稍靠内部放置才会发生变化，否则鼠标指针将变成移动形态），此时按住鼠标左键左、右或上、下拖动即可改变行高、列宽，如图 5-71 和图 5-72 所示。

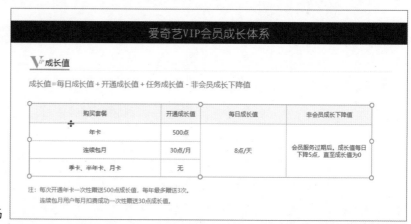

▶ 图 5-71　调整行高

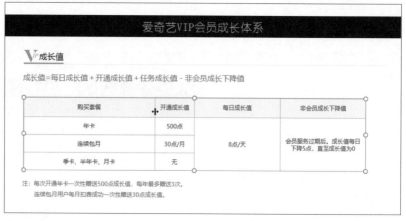

▶ 图 5-72　调整列宽

5. 改变整个表格大小形态

当鼠标指针停在表格外框的 8 个控制点上时，鼠标指针将变成 ⬉ ⬊ ↕ ↔ 状，此时按住鼠标左键左、右或上、下拖动，即可改变整个表格的大小，如图5-73和图5-74所示。

▶图5-73 向左上或右下拖动改变整个表格的高度和宽度

▶图5-74 向下或向上拖动改变整个表格的高度

5.2.3 表格也能做得很漂亮

有的人觉得表格不够美观，因而不喜欢在PPT中使用表格，在他们的PPT里，表格常常是以图5-75这样的状态出现的。

▲图5-75 表格不美观的幻灯片页面

其实，在PPT中，表格并不是只能以这种面貌出现，如图5-76和图5-77这样的表格，不仅不会影响PPT的美观度，反而能提升页面呈现的效果。

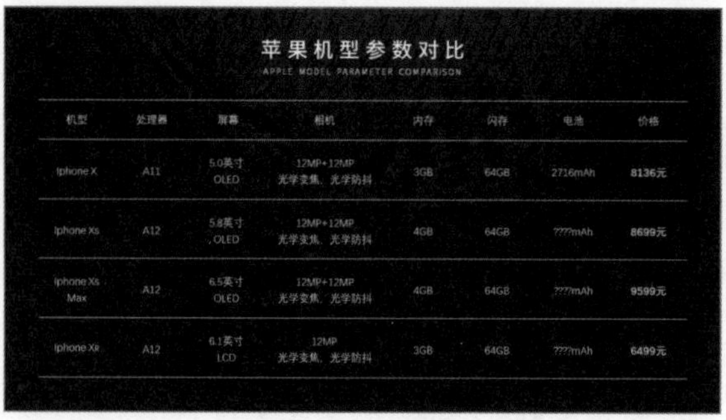

机型	处理器	屏幕	相机	内存	闪存	电池	价格
Iphone X	A11	5.0英寸 OLED	12MP+12MP 光学变焦、光学防抖	3GB	64GB	2716mAh	8136元
Iphone Xs	A12	5.8英寸 OLED	12MP+12MP 光学变焦、光学防抖	4GB	64GB	????mAh	8699元
Iphone Xs Max	A12	6.5英寸 OLED	12MP+12MP 光学变焦、光学防抖	4GB	64GB	????mAh	9599元
Iphone XR	A12	6.1英寸 LCD	12MP 光学变焦、光学防抖	3GB	64GB	????mAh	6499元

▲图5-76　苹果公司不同手机机型参数对比页面

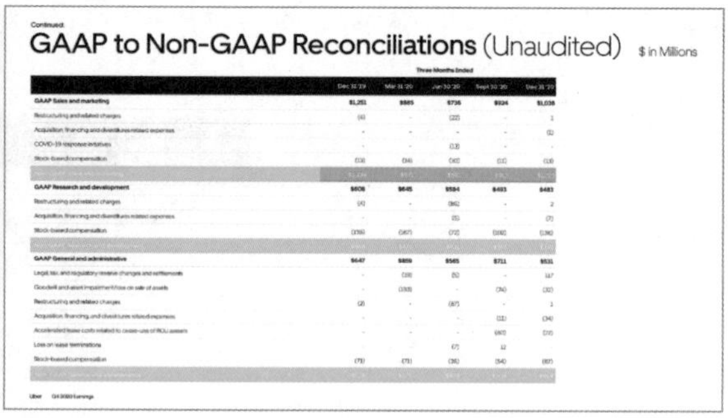

▲图5-77　Uber公司PPT中的表格页

那么，美化表格可以从哪些方面入手呢？接下来就具体说说。

1. 内容规范

统一字号、字体、字体颜色、对齐方式（包括水平和垂直两个方向上的对齐）等格式，让表格内容规范，格式整齐。表格字体统一采用苹方黑体，表内内容字号一致；文字对齐方式统一调节为水平居中对齐、垂直居中对齐，使同行的文字不再有的左对齐、有的右对齐，有的高、有的低，凌乱不一。其中，2019年度首付款1.2亿美元这个数据，在“2”之后特意添加了一个“0”，统一小数点后的位数，视觉效果更好。如图5-78所示。

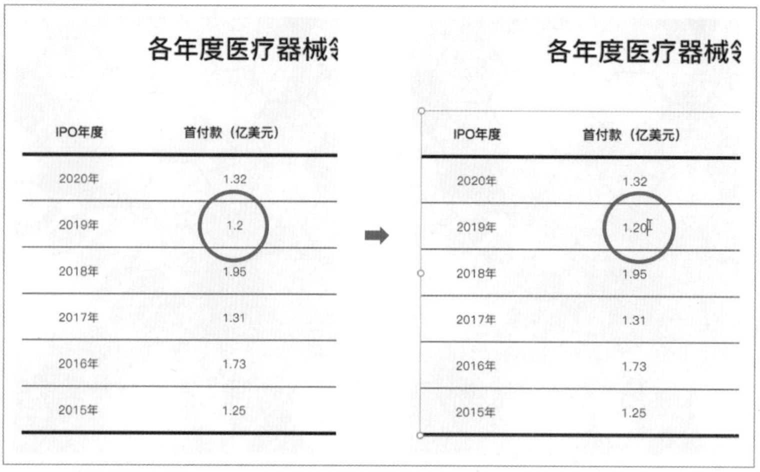

▲图5-78　统一小数点后保留位数

内容较短时，一般采用居中对齐；内容较长时居中对齐则往往效果不佳，应选择左对齐，如图5-79所示，右侧三列采用居中对齐，左侧第一列采用左对齐。

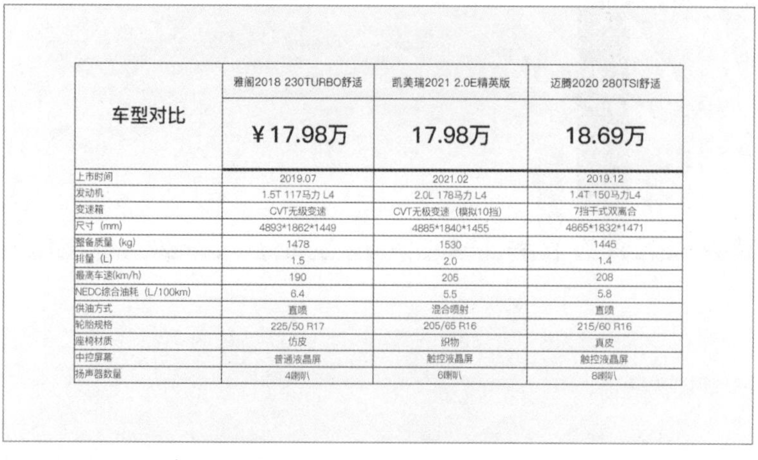

车型对比	雅阁2018 230TURBO舒适	凯美瑞2021 2.0E精英版	迈腾2020 280TSI舒适
	¥17.98万	17.98万	18.69万
上市时间	2019.07	2021.02	2019.12
发动机	1.5T 117马力 L4	2.0L 178马力 L4	1.4T 150马力L4
变速箱	CVT无级变速	CVT无级变速（模拟10挡）	7挡干式双离合
尺寸（mm）	4893*1862*1449	4885*1840*1455	4865*1832*1471
整备质量（kg）	1478	1530	1445
排量（L）	1.5	2.0	1.4
最高车速(km/h)	190	205	208
NEDC综合油耗（L/100km）	6.4	5.5	5.8
供油方式	直喷	混合喷射	直喷
轮胎规格	225/50 R17	205/65 R16	215/60 R16
座椅材质	仿皮	织物	真皮
中控屏幕	普通液晶屏	触控液晶屏	触控液晶屏
扬声器数量	4喇叭	6喇叭	8喇叭

▲图5-79　统一表格对齐方式

为了让“左对齐”的数据不至于太贴近边线，影响视觉效果，可单击段落工具组右下角的按钮，打开段落对话框，对数据设置一定的“首行缩进”，巧妙形成间隔，如图5-80所示。

当然，也可以通过插入制表位的方式来解决"左对齐"数据贴近边线的问题。具体操作如下：

选中要插入制表位的数据，参照前述方法打开"段落"对话框，单击对话框左下方的"制表位"按钮，在制表位位置框中输入一个数值（与边线的分隔距离），单击"左对齐"单选按钮，再单击"设置"按钮，确定设置，如图5-81所示。

▲ 图5-80　设置表格内容首行缩进

插入制表位之后，回到表格，在那列数据的每个数值前按下【Ctrl+Tab】组合键，插入一个制表位，就达到数据"左对齐"时与边线分隔一定距离的效果了。同理，通过插入"小数点对齐"制表位，还可让数据按小数点对齐，在含小数数据的表格内容对齐时非常实用，如图5-82所示。

统一格式时，该区别的地方还要有所区别，比如，表内文字设为常规字体，头行文字为粗体。既要总体统一，整齐、规范，又要不缺失重点，主次分明、层次感清晰。

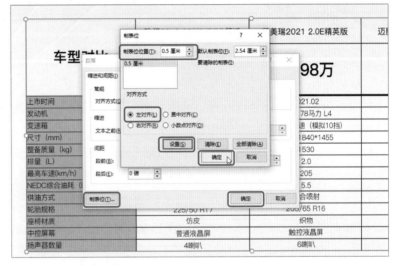

▲ 图5-81　插入制表位

2. 线框调整

表格线框调整和文字规范思路一样，有所统一，又有所区别。同类项内容一般要求统一，非同类内容、要强调的内容等可差别化处理。

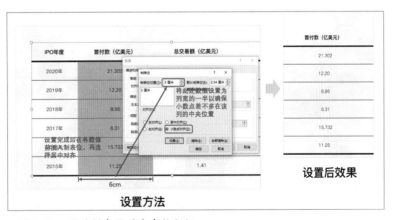

▲ 图5-82　通过制表位对齐表格数据

如图5-83所示表格，统一了内部边框横向线3~7的磅值，统一取消了所有纵向线；同时，又特别取消了外部边框横向线，让头行文字从表格中突出；将横向线2和最底端的横向线8统一设置为更粗的线条，以界定表内、表外。经过这样的设置，表格视觉效果得到提升。

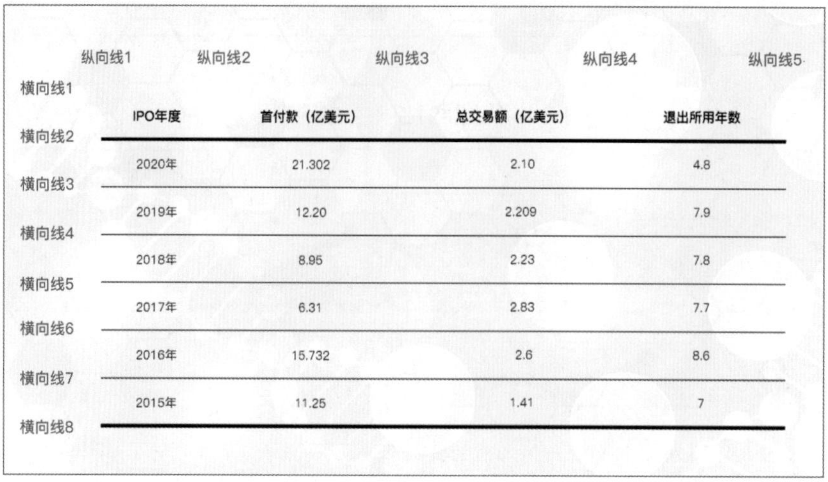

IPO年度	首付款（亿美元）	总交易额（亿美元）	退出所用年数
2020年	21.302	2.10	4.8
2019年	12.20	2.209	7.9
2018年	8.95	2.23	7.8
2017年	6.31	2.83	7.7
2016年	15.732	2.6	8.6
2015年	11.25	1.41	7

▲图5-83　调整表格线框

表格列宽、行高的设置也是一样的原理。如图5-84所示表格，列1为参数项，列2、列3、列4为四款车型对比。因此，列2、列3、列4的宽度一致，列1则可不同。行1的行高设置方式和其他行思路类似。

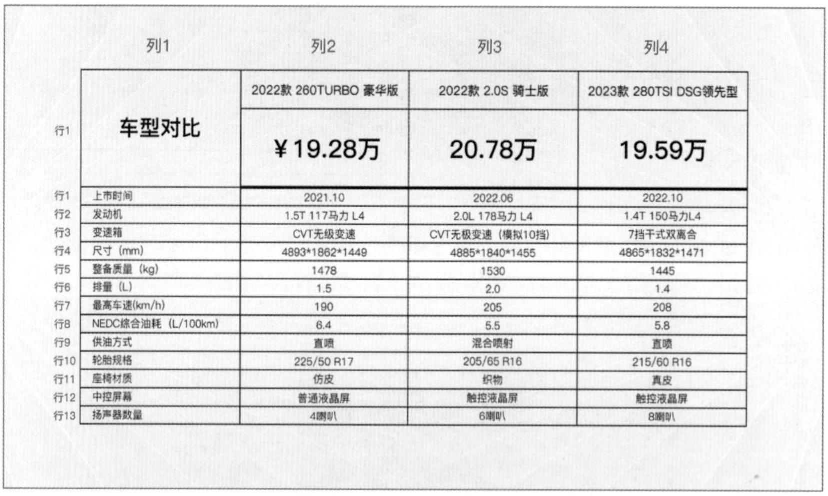

	列1	列2	列3	列4
行1	车型对比	2022款 260TURBO 豪华版 ¥19.28万	2022款 2.0S 骑士版 20.78万	2023款 280TSI DSG领先型 19.59万
行1	上市时间	2021.10	2022.06	2022.10
行2	发动机	1.5T 117马力 L4	2.0L 178马力 L4	1.4T 150马力L4
行3	变速箱	CVT无级变速	CVT无极变速（模拟10挡）	7挡干式双离合
行4	尺寸（mm）	4893*1862*1449	4885*1840*1455	4865*1832*1471
行5	整备质量（kg）	1478	1530	1445
行6	排量（L）	1.5	2.0	1.4
行7	最高车速(km/h)	190	205	208
行8	NEDC综合油耗（L/100km）	6.4	5.5	5.8
行9	供油方式	直喷	混合喷射	直喷
行10	轮胎规格	225/50 R17	205/65 R16	215/60 R16
行11	座椅材质	仿皮	织物	真皮
行12	中控屏幕	普通液晶屏	触控液晶屏	触控液晶屏
行13	扬声器数量	4喇叭	6喇叭	8喇叭

▲图5-84　调整表格列宽、行高

3. 差异填色

当表格行数较多时，为方便查看，可对表格中的行设置两种色彩进行规范，相邻的行用不同的背景色，使行与行之间区别开来。如图5-85所示页面中表格，内容行采用灰色、乳白色两种颜色进行区别。

又如图5-86所示页面表格，内容中每一个部分的行分别采用一种颜色进行区别。

当表格的目的在于表现各列信息的对比时，对于列同样可以设置多种填充色（或同一色系下不同深浅度的多种颜色）。这样既便于查看、对比各列信息，也实现了对表格的美化，如图5-87所示。

城市公交站点覆盖率
上海市的公交站点覆盖率最高

通过计算各城市公交站点的覆盖率，我们发现上海市公交站点覆盖率最佳，因此公交站点分布的合理性最佳。

当站点覆盖半径为500米、1千米时，上海的公交站覆盖面积占比分别为53%、73%，均排名第一。面积相对更大的北京排在第6位，苏州、无锡、厦门都超过了北京。

在全国一二线城市中，公交站覆盖面积占比最低的城市为重庆，重庆的公交站点辐射1.5千米面积覆盖率仍低于城市面积的10%，而合肥和沈阳这一数值则低于20%。

城市名称	500米覆盖率	1千米覆盖率
上海	52.8%	73.3%
深圳	51%	70.9%
苏州	41.7%	64.2%
无锡	39.7%	62.9%
厦门	38.5%	63.3%
北京	36.6%	64.2%
南京	33.6%	56%
广州	29.6%	47.4%
青岛	25%	44.8%
天津	21.3%	39.9%
成都	19.6%	31.3%
广州	16.2%	27%

▲ 图5-85 表格中相邻的行用不同的背景色

校园歌会活动策划方案

步骤	项目	内容
Step 1 Warm -up 活动信息告知	前期准备	场地租赁协商，人员招募，人员培训 场地布置，物料准备，奖品准备 张贴宣传海报
Step 2 Generate interest 激发兴趣	DM单派发	学校周边商圈派发 校园内自由派发 活动现场派发、自由索取
Step 3 Explosive atmosphere 火爆现场活动	演唱、表演、游戏	明星歌手出场 组织名校学生表演 互动游戏
Step 4 Promotion 品牌推广穿插	调查问卷，问答，体验	填写校园消费调查问卷 有奖抢答 天翼终端体验

▲ 图5-86 表格中每一部分行用不同的背景色

企业号与服务号、订阅号的区别

	企业号	服务号	订阅号
面向人群	面向企业、政府、事业单位和非政府组织，实现生产管理、协作运营的移动化。	面向企业、政府或组织，用以对用户进行服务	面向媒体和个人提供一种信息传播方式
消息显示方式	出现在好友会话列表首层	出现在好友会话列表首层	折叠在订阅号目录中
消息次数限制	最高每分钟可群发200次	每月主动发送消息不超过4条	每天群发一条
验证关注者身份	通讯录成员可关注	任何微信用户扫码即可关注	任何微信用户扫码即可关注
消息保密	消息可转发、分享，支持保密消息，防泄漏转发	消息可转发、分享	消息可转发、分享
高级接口权限	支持	支持	不支持
定制应用	可根据需要定制使用，多个应用聚合成一个企业号	不支持，新增服务号需要重新关注	不支持，新增服务号需要重新关注

▲ 图5-87 表格中每一部分列用不同的背景色

若要重点强调某一列的信息，也可将这一列（不论该列是否在表格边缘）设置为与其他各列对比更强烈的填充色，如图5-88所示。

企业号与服务号、订阅号的区别			
	企业号	服务号	订阅号
面向人群	面向企业、政府、事业单位和非政府组织，实现生产管理、协作运营的移动化。	面向企业，政府或组织，用以对用户进行服务	面向媒体和个人提供一种信息传播方式
消息显示方式	出现在好友会话列表首层	出现在好友会话列表首层	折叠在订阅号目录中
消息次数限制	最高每分钟可群发200次	每月主动发送消息不超过4条	每天群发一条
验证关注者身份	通讯录成员可关注	任何微信用户扫码即可关注	任何微信用户扫码即可关注
消息保密	消息可转发、分享，支持保密消息，防成员转发。	消息可转发、分享	消息可转发、分享
高级接口权限	支持	支持	不支持
定制应用	可根据需要定制应用，多个应用聚合成一个企业号	不支持，新增服务号需要重新关注	不支持，新增服务号需要重新关注

▲ 图 5-88　强调表格中的某列

4. 头行优化

表格的第一行称之为头行，对头行（或头行下的第一行）进行特殊的修饰，也是提升表格设计感的一种方式。

如图5-89，将头行的行高、文字字号增大，并填充醒目的颜色，使之与表内行颜色形成强烈对比，效果就比整个表格的行全部采用同一种样式提升了许多。

产品	小米笔记本AIR 13.3英寸	宏碁T5000-54BJ	三星910S3L-M01	ThinkPad 20DCA089CD
产品毛重	2.48kg	3.77kg	2.28kg	2.9kg
颜色	银	银	白	黑
CPU类型	酷睿双核i5处理器	i5-6300HQ	i5-6200U	i5-5200U
内存容量	8GB	4GB	8GB	8GB
硬盘容量	256GB	1T	1TB	1TB
类型	NVIDIA 940MX独显	NVIDIA GTX950M独显	英特尔核芯显卡	AMD R5 M240独立显卡
显存容量	独立1GB	独立2GB	共享系统内存（集成）	独立2GB
屏幕规格	13.3英寸	15.6英寸	13.3英寸	14.0英寸
物理分辨率	1920×1080	1920×1080	1920×1080	1366 x 768
屏幕类型	LCD	LED背光	LED背光	LED背光

▲ 图 5-89　通过调整字号、行高、颜色优化头行

此外，还可在头行中插入图片，使之既突出又生动，如图5-90所示。

▲ 图 5-90　头行配图

5.3　并没有那么可怕的图表

很多新手都觉得 PPT 中的图表类型众多，各种数据繁杂，操作起来会很复杂，觉得学和用都有一定难度。其实，图表并没有你想的那么难以驾驭。图表能够更直观地表现数据信息，让观众更清晰地体会数据背后的结论。图表在幻灯片信息可视化方面也有着非常明显的效果。

图 5-91 所示为纯粹用文字说明安卓手机大多通过应用宝来下载软件，内容显得空洞，难以令人信服；图 5-92 所示通过添加表格并使关键数据醒目突出，对结论有一

▲ 图 5-91　纯粹使用文字表达观点

定支持作用，但视觉效果仍不太理想；图 5-93 则采用柱状图图表，从矩形柱的高、低上，一眼便可判断应用宝下载量是最大的，从而对结论起到更好的支撑作用。

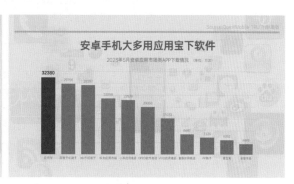

▲ 图 5-92　使用表格表达观点　　　　▲ 图 5-93　使用图表表现数据支撑观点

5.3.1　提升图表表达力的4种方法

从常用的柱状图、饼状图，到复杂的曲面图、旭日图，PowerPoint 2021中预制了各种类型的图表，只需输入数据便可自动生成，操作几乎没有难度。使用图表更为重要的是，要让它具有表达的重点，能清晰地告诉观众它想说明什么问题，而不是简单的数据统计呈现，这样，才能真正发挥图表的作用。下面介绍4个强化图表表达意图、提升图表表达力的方法，帮助读者朋友更好地使用图表。

1. 差异化填色

对要图表中的重点部分，更换一种更特别的填充色，使之更能吸引观众注意。如图5-94所示柱状图，对代表抖音App下载量的柱条填充紫色，与代表其他App的柱条形成鲜明区别，要比图5-95所示全部采用同一填色，更能说明"抖音受到越来越多人欢迎"这一观点，图5-94中图表的表达重点更清晰明确。

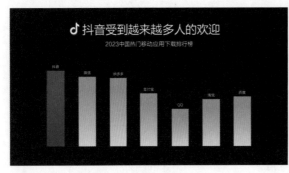

▲ 图5-94　柱状图柱条差异化填色

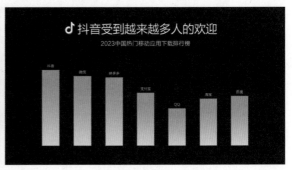

▲ 图5-95　柱状图柱条全部填充相同颜色

2. 形状辅助

即添加形状，将图表中的关键部分圈出，如图5-96所示的"中国"柱条添加的矩形衬底，和图5-97折线起、终端的圆形衬底，能起到指明重点、聚焦关注的作用。

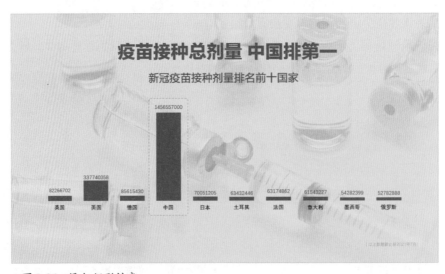

▲ 图5-96　添加矩形衬底

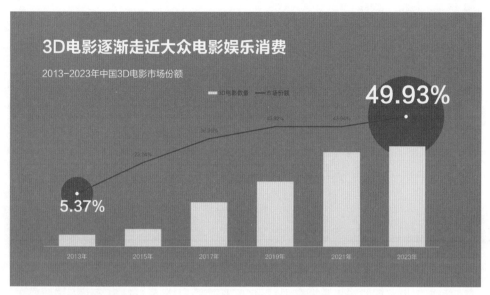

▲图5-97　添加圆形衬底

3. 文字标注

在图表关键位置处添加注释，通过文字直接挑明图表意图，如图5-98所示。

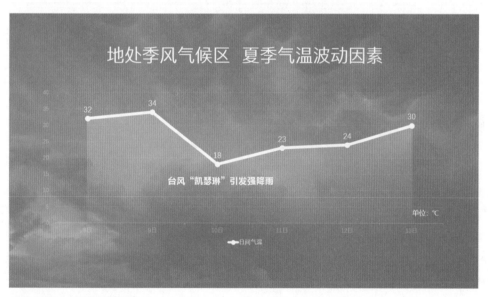

▲图5-98　添加文字标注

4. 改变坐标轴取值范围

在PPT中，只要在相应的Excel表中输入相关数据，软件会根据这些数据自动设置横、纵坐标取值范围来生成图表。若默认生成的图表所呈现出来的对比不鲜明（如条形图各数据条长度差距不大）时，可手动修改坐标轴的取值范围，来强化对比。如图5-99所示，条形图所列四组数据虽然有差异，但差异并不特别明显。

▶图5-99　条形图呈现数据对比

　　此时，我们可以选中条形图，双击图下方坐标刻度位置，打开"设置坐标轴格式"对话框，在这里更改该条形图最小值，即起始位置的数值，当我们把最小值设置为接近条形图中所展示数据的最小的一个数值（如该条形图最小值为980.5，于是我们将最小值设置为950）时，会发现条形图中，底部坐标数值发生了改变，呈现的对比关系也要明显很多，如图5-100所示。

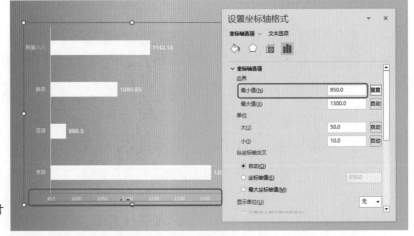

▶图5-100　条形图呈现数据对比更明显

　　同理，若要让默认生成的图表呈现出来的差异变小，就可以把最小值改小，以增大取值范围。除了条形图、柱状图，其他类型的一些图表，如折线图等，都可以采用这种方式来强化、弱化对比。

技能拓展 ▷　更改 Excel 中的数据，PPT 中的图表自动更新

　　从 Excel 中复制制作好的图表到幻灯片中，粘贴时选择"使用目标主题和链接数据"或"保留源格式和链接数据"。当原 Excel 中的数据发生变化时，在PPT"文件"选项卡"信息"面板右下角选择"编辑指向文件的链接"，在弹出的"链接"对话框中单击"立即更新"按钮，即可与 Excel 中的数据同步。若勾选"自动更新"复选框，则每次打开PPT文件都将自动与 Excel 同步。每天或定期需要更新数据的咨询汇报类PPT常常用到此功能。

5.3.2　美化图表，你可以这样做

使用PPT预制模板插入的图表，的确很省事，但是设计感、美观度方面或许不能满足大家日益提升的审美要求。如何设计图表才能让它在准确辅助表达的同时，还能给人以美的感受呢？这里总结了4条思路，供大家参考。

1. 统一配色

就是要根据整个PPT的风格及色彩应用规范，来设置PPT中插入的各种图表的配色。

配色统一，能提升图表的设计感，带给人一种专业的感觉。图5-101所示是来自同一份PPT中的4页幻灯片，其中的图表配色按照整个PPT的色彩规范，统一采用蓝、水蓝、紫三色搭配方案，看起来美观而协调。

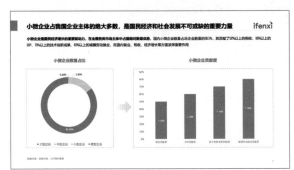
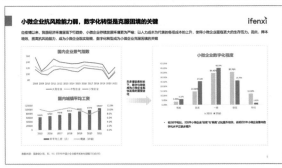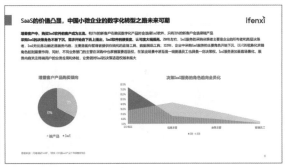

▲ 图5-101　2022年中国小微企业SaaS白皮书

2. 简化

默认状态下的图表，坐标轴、网格线、数据标签、图例，甚至数据等部件全都配齐，看起来十分复杂，如图5-102所示。事实上，图表的部件并不一定要完全显示出来。比如，在有数据标签的情况下，无需网格线、纵坐标轴，也完全不会影响图表查看。去掉不必要的部分，图表阅读起

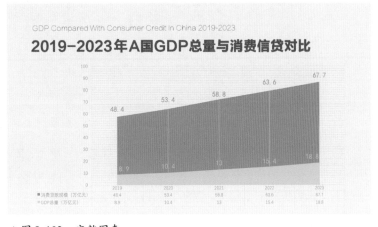

▲ 图5-102　完整图表

来会更轻松，表述重点更加清晰，美观度也得到了提升。另外，图表标题、图例的样式也可根据页面版式进行灵活处理，不一定按默认设置一成不变。

按照简化思路，对图5-102所示页面进行调整后，得到如图5-103所示图表，视觉效果变得更好。

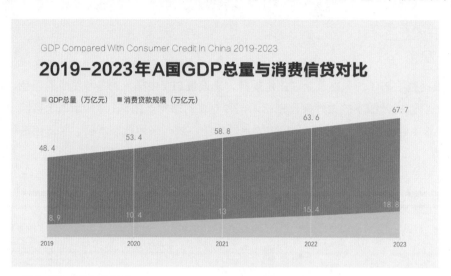

▲ 图5-103　简化后图表

3. 形状或图片填充

在PPT中，通过形状或图片复制、粘贴的方式，便可快速改变图表内某些元素的外观。如图5-104所示折线图，默认状态下，各数据点在折线上显示不甚明显。

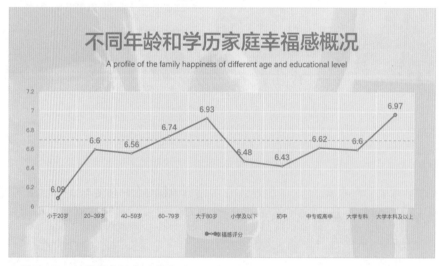

▲ 图5-104　折线图数据点不明显

由于该图表表现的是关于幸福感的内容，此时，可单击"插入"选项卡下"形状"按钮，在页面上插入一个大小合适的心形，并设置好填色；然后，按下【Ctrl+X】组合键将其剪切；进而单击图表，继续单击并选中折线节点部分，按下【Ctrl+V】组合键，将心形复制到折线节点上，如图5-105所示。

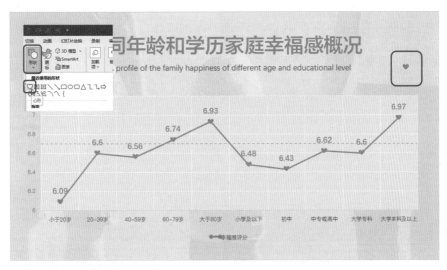

▲ 图 5-105　折线图数据点明显

　　这样，剪切板中的心形就自动插入了折线每个节点上，可谓简单、高效。同理，利用这种方法，我们还可以对柱状图进行变形操作，提升美观度，如图 5-106 所示。

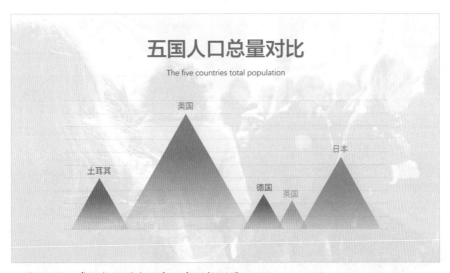

▲ 图 5-106　常规柱形图变形成三角形柱形图

　　以上是用 PPT 中自带形状进行的替换，若用图片来"粘贴"，还可以实现更多图表"变形"的可能。如图 5-107 所示图表，便是采用这种方法制作的，看起来是不是生动而有设计感？实现这种"粘贴"效果，设置上要稍微再多一步：复制插入 PPT 中的图片，选中条形图中矩形条，按下组合键【Ctrl+V】粘贴，这里的操作和用形状粘贴"变形"操作相同；之后，双击已粘贴到矩形条中的图片，打开"设置数据点格式"对话框，将对话框切换至"填充与线条"设置界面，在"填充"选项下，选择"层叠"单选按钮，如图 5-108 所示。"层叠"插入数据条内的图片能按照数据条的长度自动增加或减少。这里特别要说明的是，形状或图片"粘贴"到图表之前，应先调整好其大小、颜色等，确保大小合适、色彩统一，才能实现更好的呈现效果。

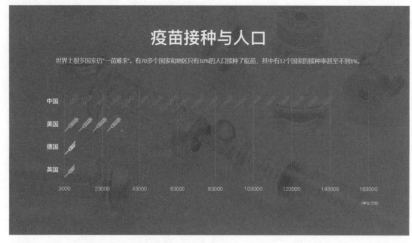

▲ 图 5-107　图片"粘贴"后的条形图

▲ 图 5-108　设置"层叠"

4. 营造场景

在PPT中预制的很多类型的图表都有带立体感的子类型，通过插入合适的图片与这种带立体感的图表创意结合，可让图表更有场景感，呈现效果更佳。如图5-109所示，在一张表现手机相关内容的立体柱状图下添加一张平放的手机图片，使柱状图与手机巧妙地融合为一体，数据仿佛从手机屏幕中跃然而出，视觉效果独特。

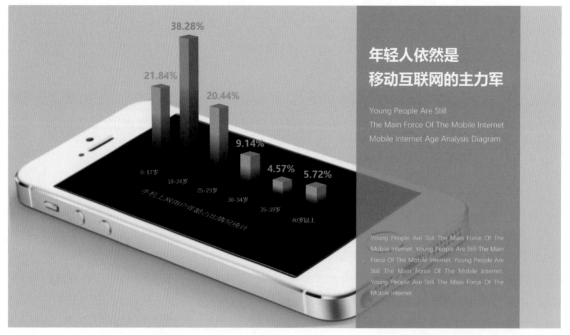

▲ 图 5-109　手机图片与柱状图结合

此外，还可以将图片直接与数据紧密结合起来，图即是图表，图表即为图，生动形象。如图5-110所示，其是一件十分有趣的农业图表作品。

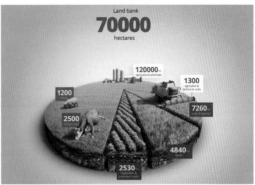
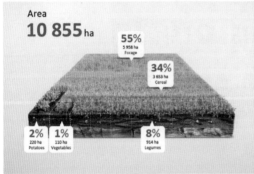

▲ 图5-110　图片与图表完美结合

5.2.3　上这些网站，积累图表设计灵感

想把图表做得更好，除不断学习具体的技巧，还应多看一些优秀图表，积累图表设计灵感。在哪里可以浏览学习优秀的图表设计案例呢？下面就给大家推荐几个优秀的专业图表网站。

1. 数据新闻

网址：www.xinhuanet.com/datanews/index.htm，如图5-111所示。

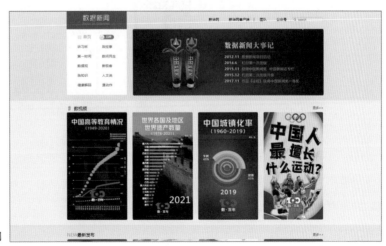

▶ 图5-111　数据新闻网

这是新华网旗下的一个特色栏目版块，包含了各种与新闻、社会生活相关的数据图表，官媒出品，

质量都非常高。平时打开看一看，不仅能了解新闻、学习知识，还能提高你的图表设计水平。

2. 网易新闻

网址：data.163.com，如图 5-112 所示。

▶ 图 5-112　网易新闻网

与新华网数据新闻类似，知名互联网公司网易旗下新闻子栏目，内容质量也不错，可以作为新华网数据新闻的"补充学习资料"。

3. infogram

网址：infogram.com，如图 5-113 所示。

▶ 图 5-113　infogram 网

国外的一个在线图表制作工具网站。在这里既能浏览各种各样的图表案例，也能轻松套用其中的模板，快速制作图表，导入 PPT 中使用。

4. 199IT

网址：www.199it.com，如图 5-114 所示。

▲ 图 5-114　199IT 网

　　一个非常专业的中文互联网数据资讯网站，网罗了各行各业的最新研究报告，通过翻阅这些报告，不仅可以学习图表制作，还能提高报告型 PPT 的设计水平。

神器 6：图表好工具——百度图说

　　图说（网址：tushuo.baidu.com）是百度公司旗下的一个在线动态图表制作网站。这个网站提供了各种类型的图表模板，如图 5-115 所示。一些 PPT 软件上没有的图表类型，如仪表盘图、南丁格尔玫瑰图等，可通过这个网站补充。

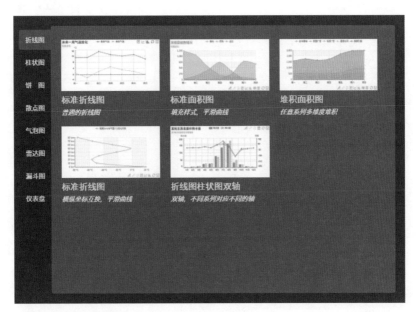

▲ 图 5-115　图表模板

　　在图说网站制作图表，操作非常简单，在左侧窗格输入数据、调整图表样式参数，右侧窗口可

实时预览效果。基本制作完成后，将图的高度调至最大，图整体背景颜色设置为透明，然后单击图表右上角的保存按钮，将图表保存为无背景PNG格式图片插入PPT中使用，如图5-116所示。

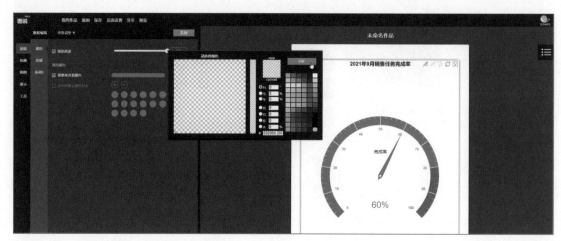

▲ 图5-116 设置图表

中篇

技术——手段硬效率高

媒体与动画恰到好处即是完美

　　对于媒体和动画，新手易产生
"秀""炫技"的心理，
　　因而，常常滥用，反而落得拙劣。
　　恰如王国维的"境界说"，
　　真正达到高明，对具体技法了然
于胸，自不必去"秀"。
　　高明的做法是专注于言事，将媒
体和动画用到恰到好处。
　　这才是经历了看山是山，看山不
是山之后看山还是山的境界。

6.1 媒体是一把"双刃剑"

PPT中的媒体素材主要指视频、音频和屏幕录制素材。如果使用得当，媒体素材对PPT内容会是一种丰富，能令PPT更有表现力，给观众留下更好的印象；但如果使用不当，也可能会造成恶劣影响，使整个PPT、整场演讲显得劣质、不专业。

6.1.1 视频：有所讲究，才更有所用

声音与画面相结合、具有动态表现力的视频素材对PPT可以起到补充、丰富的作用，能够提升PPT的生动性。很多企业的发布会PPT中都会插入视频，借以打破长时间看文字、图片等静态内容的沉闷，重新唤起现场观众逐渐减退的兴趣。

一般来说，在PPT中使用视频素材注意以下几点，效果会更佳：

（1）视频本身质量要好，内容质量差、不知所云的视频，清晰度太低、模糊的视频反而会拉低PPT的质量；

（2）有目的地使用视频，不能为了放视频而放视频；

（3）一份演讲型PPT一般只放1到2个视频即可，不管怎样，PPT目的主要还是在于讲述，视频过多易造成喧宾夺主；

（4）尽量全屏使用视频，如有多个视频，尽量一页只放一个视频，如图6-1和图6-2所示。

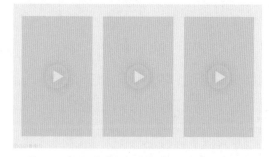

▲图6-1　16:9视频尽量拉满页面　　　　　▲图6-2　即便是手机比例视频也不建议多个同屏

此外，使用视频素材还有以下一些讲究，多加留意，能让你把视频素材用得更好。

1. 视频素材位置

放在开头： 视频放在演讲主要内容前播放，可以让观众对要讲述的内容建立良好的第一印象，有助于观点、结论或需求被接受。要注意视频的时长，不宜超过后面的讲述时间。

放在中间： 视频放在演讲中间，能够起到调节气氛，激发兴趣的作用。一般建议独立成页使用，而不要像图6-3所示，夹在页面内容中间使用。

放在末尾： 视频放在演讲主要内容之后播放，可根据前面讲述情况灵活选择是否播放，对讲述的影响小，便于控制时间。若视频质量够高，还能起到升华演讲的效果，给观众留下更深刻印象。

三种位置应结合演讲水平、视频情况、实际需求、场合等因素进行选择，比如，在路演比赛中，若对自己舞台表现、讲述比较有信心，建议将视频放在最后播放；公司产品发布会，为产品定制的精彩介绍视频，建议放在演讲中间，宣布产品正式对外发布前播放。

▶图6-3　视频放在页面中

2. 设置视频封面

很多视频素材插入PPT后，默认都显示为纯黑色，如图6-4所示，在非自动播放的设定下，无控件显示，如同黑屏，观感体验可能会不太完美。条件允许的情况下，自己设计一个图片，作为视频封面，观感效果会更好。设置时，选中视频，然后单击"视频工具""格式"选项卡下的"海报框架"按钮，在下拉菜单中选择"文件中的图像"，在弹出的资源管理器窗口中找到并选中自己设计好的封面图片即可，如图6-5所示。

▲图6-4　默认视频封面为黑色　　　　　　▲图6-5　设置视频封面

设定好封面后，视频控件上会显示"标牌框架已设定"，如图6-6所示。

▶图6-6　视频封面设置
完成

当然，也可以截取视频中的某帧画面作为封面。播放视频，看到想要设定为封面的画面时，单击"海报框架"按钮，选择下拉命令中的"当前帧"即可。

3. 营造视频场景

▲ 图6-7　视频与场景图片结合

有些适合非全屏、小尺寸播放的视频素材（比如画面精度不足以支撑全屏播放的视频，或页面上还有其他重要内容使得视频素材尺寸必须缩小），可添加样机素材，与视频素材组合使用，形成视频在样机上播放、静态变动态、富有真实感的场景，使缩小尺寸播放的视频仍然具有一定的质感，如图6-7所示。

为让视频更好地嵌入样机中，最好使用正面角度的样机素材。实在没有正面角度的样机时，则需通过"视频工具""格式"选项卡下的"视频效果"按钮，调节视频的三维旋转格式，对x、y、z旋转度数进行微调，以达到合适的透视效果。

4. 将视频用作背景

在大多数人的概念里，插入PPT中的视频都是以观看为目的，其实视频还可以作为装饰性的素材来用。

用作页面背景： 在一些知名企业的网站上，常常可以看到以视频为背景的首屏页面，比如滴滴出行官网、腾讯招聘官网等，如图6-8所示。这种设计形式的视觉效果非常震撼，在PPT中，应用于表现企业价值主张、企业愿景等的页面，效果也不会差。

▲ 图6-8　滴滴出行官网首页

　　具体可以这样做：首先，将视频插入页面中，拉大到与页面同样大小，并设为自动播放、循环播放、静音播放；然后，再在视频上插入一个与页面同样大小的矩形，设为黑色，透明度50%（具体数值根据效果可再调整），作为遮罩层，避免文字信息在动态视频上显示不清晰；最后再添加文字等其他信息即可，如图6-9所示。

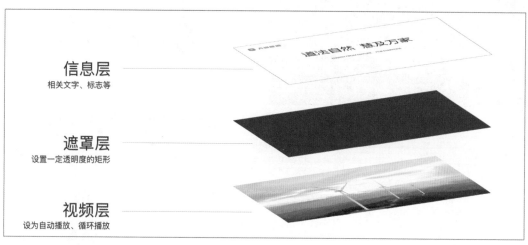

▲ 图6-9　视频背景设置方式

　　这样，一个高级感满满的动态视频背景页面就完成了。有的人可能会想，既然视频背景效果不错，那何不把每个页面都做成视频背景？由于视频文件大，容易造成PPT臃肿，加之动态背景多少会影响页面上的内容阅读，所以，不建议所有页面都用视频做背景。

　　用作文字背景：同理，利用视频的动态属性，我们也可以让文字动起来，呈现非一般的视觉效果，具体操作方法如下。首先，将视频插入页面中，设为自动播放、循环播放、静音播放，视频大小可根据文字覆盖范围进行调整；然后，再在视频上插入一个与页面同样大小的矩形，并通过"合并形状"操作，"剪除"需要做文字特效的文字，使该矩形变成镂空；最后再在矩形上添加文字等其他信息即可。

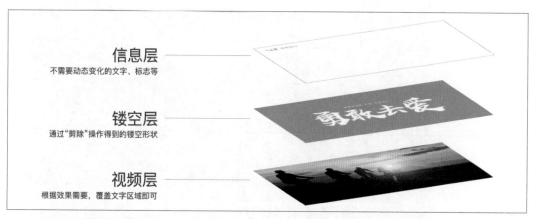

▲ 图6-10　文字背景设置方式

　　放映该张幻灯片时，我们会看到，视频在矩形底下一层自动播放，仅有一部分透过镂空部分可见，从而形成了一种独特的文字动态填充效果。而换用不同的衬底视频就可以达到不同的填充效果，适应各种PPT风格，是不是简单又高级？

图6-11和图6-12是上述两种视频素材用法最终的页面静态效果。

▲ 图6-11　视频作为页面背景效果　　　　　　▲ 图6-12　视频作为文字背景效果

6.1.2　屏幕录制：说不清的过程录下来说

使用PowerPoint 2021中的屏幕录制功能，可将计算机上的操作过程录制为视频插入当前幻灯片页面中。使用该功能所录制的操作不局限于PPT软件窗口内的操作或其他Office软件中的操作，在系统桌面上进行的任何操作都能够记录下来。例如，将在剪映软件中剪辑视频的过程录制下来插入PPT中。

步骤01 选择"插入"→"媒体"→"屏幕录制"命令，系统桌面变成半透明状态，桌面上方浮动着屏幕录制工具，单击"选择区域"按钮，鼠标指针变成十字绘图状。此时即可在桌面上按住鼠标左键拖动，绘制录制区，即录制的界面范围（红色虚线范围以内），如图6-13所示。

步骤02 在屏幕录制工具中单击"录制"按钮，在三秒提示后进入录制状态，此时在录制区域内单击视频的"播放"按钮，令视频播放，即可将播放的视频全部录制下来，如图6-14所示。

▲ 图6-13　绘制录屏区域

▲ 图6-14 绘制录屏区域

步骤03 录制完成后，按照录制前的提示同时按【Shift】键+Windows 徽标键+【Q】键即可退出录制，视频将自动保存在当前PPT页面上，如图6-15所示。

接下来可按前述处理视频的方法，在PPT 中对录屏视频进行编辑，比如，将录制过程中的无效部分剪裁掉。也可以右击录屏视频，将其另存为MP4 格式的视频并存放在硬盘中或发给好友观看。

如果计算机配有麦克风等声音输入设备，利用这一功能还可以录制旁白、讲解，这对于软件教学从业者，特别是网络教程领域的从业者非常实用。一

▲ 图6-15 结束录制后视频自动插入页面

般人虽然不常用到屏幕录制，但是当你想介绍或解释某个很难用语言描述的操作过程时，就不必专门安装录屏软件了。比如，向不懂计算机的父母讲解QQ 视频聊天的方法，录下操作过程，他们一看就明白了。

此外，我们还可以利用屏幕录制模拟动画效果，比如，直接用PPT 制作在浏览器中输入网址并访问网站时操作视频。打开某个网站这一操作用语言解释可能稍微会有些复杂，但利用屏幕录制来模拟就比较简单了。

步骤01 在要访问网站的页面选择"屏幕录制"命令，将录制区域设置得比浏览器窗口稍大些即可。为了让动画看起来更加真实，可选择录制鼠标指针的路径，单击"录制"按钮，开始录制访问某

个网站的过程，如图6-16所示。

步骤⑫ 录制完成后，沿着浏览器窗口边缘裁剪视频对象，并对视频内容稍加剪裁（只保留输入网址，确认，打开页面这一过程），如图6-17所示。最后将视频设置为自动播放即可。

▲图6-16　录制访问网站的过程　　　　　　　▲图6-17　将访问网站过程插入PPT中

当然，这只是利用屏幕录制模拟动画效果的一个简单例子，只要你有想法，还可以模拟出更多、更复杂的效果。屏幕录制为丰富PPT的动画表现力打开了一个新的思路。

技能拓展 > Powerpoint 2021 中屏幕录制相关快捷键

为了达到更好的屏幕录制体验，建议大家适当地记忆一些快捷键，减少额外的鼠标操作，确保录屏稳定进行。

开始/暂停录制：【Windows徽标键+Shift+R】；彻底停止录制：【Windows徽标键+Shift+Q】；选择录制区域：【Windows徽标键+Shift+A】；录制整个屏幕：【Windows徽标键+Shift+F】；录制鼠标：【Windows徽标键+Shift+O】；录制声音：【Windows徽标键+Shift+U】。

6.1.3　音频：一念静好，一念烦扰

PPT中的音频主要有3种用法。第一种是作为整个PPT的背景音乐，渲染气氛、煽动情绪等；第二种是作为录音材料，通过播放音频（对话、朗读等语音内容）来论证幻灯片中的某个观点，如与专家的通话录音，英语教学PPT中插入的一些英语发音音频等；第三种是作为音效，配合某页幻灯片或页面上某个对象出现时使用，以引起观众注意。适当使用音频，能够为原本静态的页面增加听觉上的表现力，让PPT的内容、观点更容易被观众接受。当然，因为音频而搞砸一场演讲也可能就在一念之间。

与视频媒体相似，将音频插入PPT之后，通过音频工具的"播放"选项卡（见图6-18）可以对音频素材进行自定义设置，如剪裁音频片段、让音频跨幻灯片循环播放等，使之更符合使用要求。

▲图6-18　音频工具

背景音乐

大多数时候，阅读型（咨询机构的调研报告等）和严肃场合演讲型的PPT都不需要添加背景音乐。而自动播放类的PPT（景区无人值守的展台播放、个人电子相册、转换为视频使用的PPT、企业形象宣传类PPT等）则最好配上背景音乐，因为背景音乐能打破这类PPT的枯燥、生硬感。

什么样的音乐适合作为PPT的背景音乐？不同的内容选择的音乐也不同，但大多数时候，或激昂或舒缓，或纯音乐都是不错的选择。某些内容较为欢快的电子相册类PPT，选择节奏明快的外文歌曲也有不错的效果。

▲图6-19 "声音"下拉列表

音效音频

PPT软件提供了诸如爆炸、风铃、单击、打字机等一些经典的音效，在切换幻灯片时可以在"切换"选项卡中的"声音"下拉列表中选择，如图6-19所示。幻灯片页面上的某个对象出现、被强调、退出及路径动画的音效，可以在该元素的动画属性设置对话框中选择，如图6-20所示。

软件自带的音效中没有合适的声音时，可到网上下载其他的音效，然后通过选择"声音"下拉列表中的"其他声音"将下载在硬盘中的音效应用为切换或动画音效。

很多音效本身实用性不强，品质也较低，非常容易破坏PPT的质感。因此，音效能不用时尽量不用，要用也应配合具体的内容来谨慎选择，一般不要用声音过于强烈、短促的音效。不要大量地使用音效，否则，真正的重点页面或重点内容出现时，即便添加了音效也达不到强调的效果。

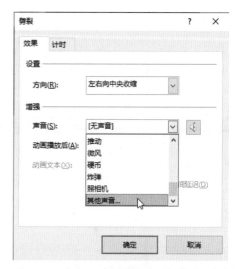

▲图6-20 自定义动画属性对话框中的"声音"

技能拓展 ▷ **利用"书签"工具实现在同一段音频的不同位置间快速跳转**

PowerPoint 2021为音频类素材提供了一个叫作"书签"的工具。通过书签，可以对音频的播放位置进行标记，从而实现在视频和音频不同播放位置的快速切换。比如，语文、英语课常常要让学生听一些课文朗读、听力练习之类的音频，而且要反复听音频中的某一段内容。这种情况下，通过拖动进度条的方式手动切换，很难一次切换到位，容易浪费课堂时间。如果使用"书签"提前做好标记，切换起来就简单得多了。准备课件时，将音频插入PPT页面并选中音频，单击播放按钮，边听边通过"音频工具""播放"选项卡下的"添加书签"按钮标记音频，如图6-21所示，根据需要将音频标记划分为不同部分或将其中可能需要反复听的部分标记出来。上课播放到该页PPT时，通过【Alt+End】（切换到下一个点）和【Alt+Home】（切换到上一个点）快捷键即可轻松地在不同的标记位置间切换，无须再手动拖动进度条。

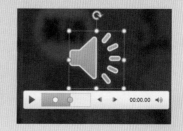

▲图6-21 音频书签

6.2 动画不求酷炫但求自然

我们在网上能找到很多国内外PPT高手出品的酷炫动画PPT，即便是使用旧版本PPT，高手也能做出与Flash相媲美的动画效果。而作为非职业PPT设计师，我们并不需要把动画做得那么华丽。除非是随意、轻松的场合，否则一般演讲、阅读类PPT添加过于复杂的动画反而会喧宾夺主，影响PPT内容的表达。因此，新手学习PPT时首先应该树立正确的观念——不必投入过多时间，过分追求酷炫的动画技巧，而应更多地关注内容的策划撰写、排版设计等方面的知识，不要因为制作不出酷炫的动画便对PPT学习望而却步。

PPT中的动画分为针对幻灯片页面的切换动画和针对幻灯片页面上对象的自定义动画两类。

6.2.1 使页面柔和过渡的8种切换动画

切换动画是指幻灯片页与页之间切换时的动画效果，"切换"选项卡如图6-22所示。新手需要注意的是，在当前页面选择一种切换动画，设置的是切换至当前页面时的效果，或者说是当前页面呈现时的动画，而不是由当前页面切换至下一个页面时的动画。在软件提供的48种切换动画中，使用最广泛、能使页面的过渡显得比较柔和的主要包括下列8种动画。

▲ 图6-22　"切换"选项卡

1. 淡入 / 淡出

这是一种常用的、百搭型的动画效果，几乎任何页面用这一动画都可以实现较为自然的过渡。如果你不想在动画上花费太多时间，那么将所有页面均设置为淡入/淡出效果（设置好当前页面后，单击"应用到全部"按钮）是不会出差错的选择。

淡入/淡出动画有两种效果可选，一种是柔和呈现，即默认的效果；另一种是全黑后呈现。

封面页、成果展示页等值得给观众一种期待感的内容使用全黑型淡出效果，能够营造出一种惊艳之感，且可以适当把切换的"持续时间"设置得长一些，如图6-23所示，再把背景设置为由页面边缘深色。向中心变亮色的射线渐变色填充，让观众的视觉聚焦在页面中心，如图6-24所示，效果更佳。

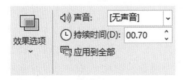

▲ 图6-23　设置持续时间

▲ 图6-24　淡入／淡出切换效果

2. 推入

在前后两页内容有所关联的情况下，使用该动画能够取得不错的效果。推入动画有4种效果选项，即推动的方向为上、下、左、右。图6-25所示为两页幻灯片切换时，选择从下往上的推入动画（自底部），能够将两页幻灯片的线条连贯起来，视觉效果更佳。

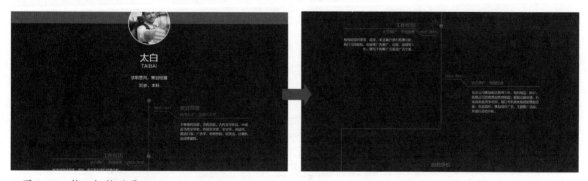

▲ 图6-25　推入切换效果

若连续使用同一种推入动画，不宜切换得过于频繁，否则可能会造成视觉上的不适。

3. 擦除

擦除动画有一种"刷新"之感，当一部分内容说完，要开始另一部分时，或进行话题转换时使用，显得非常自然。教学类PPT用擦除动画会有一种擦黑板的效果，符合教学场合的情境。如图6-26所示的两页课件幻灯片，从上一节的圣经文学切换至下一节的罗马文学，可选择擦除动画。擦除动画有8种效果可选，一般根据书写习惯从左侧向右侧擦除为宜。

▲ 图6-26　擦除切换效果

4. 显示

该动画的优点在于缓慢，能以一种稍具美感的方式表现前后两张幻灯片的切换过程，较适合抒情的环节使用，能够带动观众的情绪。如图6-27所示的两页幻灯片，从感谢的话语页切换至追忆往昔的照片墙页，使用显示效果会给观众一种往事从记忆里泛起之感。显示动画有4种效果选项，可根据不同的页面情况，选择合适的方式。

▲ 图6-27　显示切换效果

5. 形状

在形状切换的几种效果选项中，推荐使用默认的圆形形状切换。这种切换方式与我们常在电视、电影中看到的人物陷入回忆时的镜头切换方式非常相似，用于电子相册类PPT中人物与景物照片页之间的切换，会给观众一种追忆故地之感，如图6-28所示的两张幻灯片之间的切换效果。

▲ 图6-28　形状切换效果

6. 飞过

这一动画与macOS系统进入桌面的动画效果很相似，当页面内容为相对较碎的排版（如九宫格图片墙）时，这种动画的视觉冲击力较强。另外，该动画有放大页面内容的效果，当前页面为比较重要的概念、核心论点、成果展示图等内容时，使用该动画能够起到强调的作用，如图6-29所示的"四个'伟大远征'"一词，不对文字单独添加自定义动画中的"缩放"强调动画，依然能够达到强调的目的。

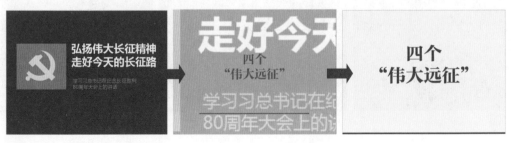

▲ 图6-29　飞过切换效果

7. 翻转

翻转是一种颇具立体空间感的轴旋转切换方式，添加在采用左右排版方式的宽屏PPT页面上，能够产生一种旋转门的效果，若前页版式为左图＋右文，则后页版式改为右图 + 左文，相邻的两页版式交换一下，视觉效果更佳，如图6-30所示。

▲ 图6-30　翻转切换效果

8. 平滑

当前后两页幻灯片中未含有相同的文字、图片、组合、形状（或同类）等时，该动画与淡出效果相同；当前后两页幻灯片中含有相同的文字、图片或同类的形状等时，则两页幻灯片中的对象将平滑地发生改变，如同没有换页一般。使用该动画关键在于前后幻灯片中含有相同的文字、图片、组合、形状（或同类）等。比如，前一页幻灯片中有椭圆1，下一页有椭圆2，无论椭圆2的大小、角度、色彩是否与椭圆1相异，平滑切换都可以产生作用，如图6-31所示。

▲ 图6-31　平滑切换效果

利用平滑动画的特征，巧妙安排前、后页面的内容，不用自定义动画也能做出既流畅又出色的动画。下面简单介绍一些具体用法，供大家参考。

大小与位置变化：在导航缩略图中右击A页，选择"复制幻灯片"命令，此时在A页后面新建了一页与A页一模一样的页面，即B页。接下来只需在B页上将需要修改的某些对象（本例中的LOGO椭圆）进行缩放、移动操作，再为幻灯片添加平滑切换效果即可，如图6-32所示。

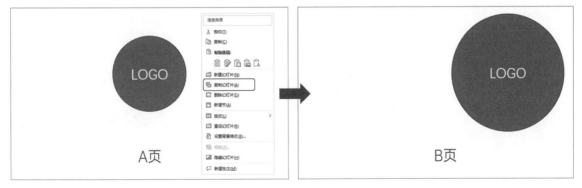

▲ 图6-32　利用平滑动画实现大小与位置的变化

旋转变化：复制A页（复制的页面为B页）后，打开设置形状格式窗格，输入旋转的具体角度（使用"设置形状格式"窗格的好处在于可以自由控制旋转度数），如图6-33所示。这样，当B页应用平滑动画后，观众只能感受到对象（这里的泪滴形）旋转的过程，几乎感受不到换页。采用旋转变化时，建议把平滑变化的时间稍微缩短，让旋转速度稍快一些，这样会显得更加自然。

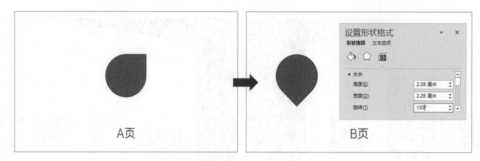

▲ 图6-33 利用平滑动画实现旋转变化

压缩变化：在B页中将某个形状的高度设置为一个极小值，该形状就变成了一条直线，如图6-34所示。利用这一特点，就能实现压缩型形变效果的平滑动画了，结合旋转变化一起使用，效果更出色。

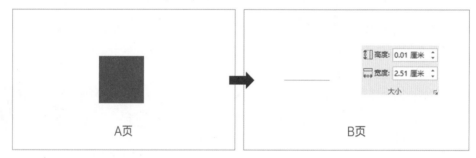

▲ 图6-34 利用平滑动画实现压缩变化

形状变化：由A页的正方形变化为B页的圆形，这种形变使用平滑动画又该怎么做呢？在B页中执行"更改形状"操作是无法实现的，因为更改形状后软件不会认为变成圆形的"正方形"与A页的正方形是同类对象。通过编辑顶点将B页的正方形编辑为一个圆形也不行，虽然软件把编辑为圆形的正方形依然认定为正方形。要实现将正方形变成圆形往往需要借助一些特殊图形，即该图形本身可以通过形变控制点变成几种形态。比如，利用圆角矩形（按住【Shift】键之后画出长宽等比例圆角矩形），便可以实现正方形变成圆形的平滑切换效果，如图6-35所示。

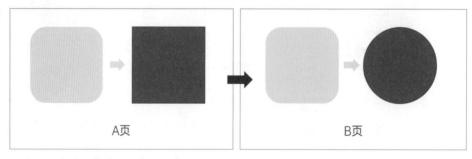

▲ 图6-35 利用平滑动画实现形状变化

由一变多：使用平滑动画还可以实现A、B切换时页面上一个对象变为多个对象的动画效果。这种效果的实现利用的是叠放的方法：首先在A页中将多个对象叠放在其中一个对象的图层下方，被该对象完全遮盖，复制A页后，在B页中将这些对象释放出来，不再被遮盖，如图6-36所示。

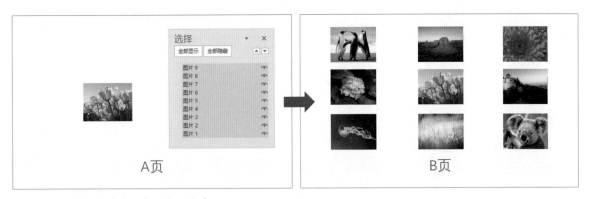

▲ 图6-36 利用平滑动画实现由一变多

文字变化：文字平滑切换的前提是，前后两页的文本框中的文字内容有相同的字。文字的平滑变化必须在效果选项中选择"文字"或"字符"效果方才有效。如图6-37a所示，B页的文本框较A页的文本框新增了文字，此时需要选择"文字"效果；如图6-37b所示，B页中仅有一个"销"字与A页相同，则需要选择"字符"效果。

▲ 图6-37 利用平滑动画实现文字变化

▲图6-38 《PPT 变体效果大解析》

前后两页有相同的文字、图片、组合或同类的形状，但后页中的该对象由于被添加了自定义动画，切换时并未在页面上，因此即便对后页添加平滑切换动画效果也无法呈现。

网上有很多专业机构、专家对平滑动画的用法进行了探讨，比如，演界网陈魁老师出品的《PPT 变体效果大解析》，对平滑动画的用法介绍得非常全面，值得一看。扫一扫图6-38所示的二维码即可观看。

技能拓展 ➤ 幻灯片切换时间的掌控

掌控好幻灯片的切换，须注意两个时间：（1）切换动画的持续时间，即设置好切换动画的时长，这个时间一般以默认的设置为佳，个别情况可进行手动设置；（2）换片时间，即在当前幻灯片页面停留的时间，默认为单击鼠标时切换，若设置为自动换片，播放时只会在该页面停留设定的时间，排练计时设置的时间也是换片时间，在排练计时的基础上对换片时间做调试更方便。

6.2.2 让对象动画的衔接更自然

对象动画是指为 PPT 中的对象添加动画效果，很多时候，一页幻灯片中可能会承载很多对象，如果为所有对象添加动画效果，那么如何才能让各对象之间的动画自然地衔接在一起呢？这是很多PPT 制作者的疑问。

1. 明确为什么要添加动画

没有目的地添加动画，只会让 PPT 中的内容呈现得莫名其妙，所以在添加动画效果之前，首先需要搞清楚为什么要为这个对象添加动画。一般来说，添加动画的目的主要有3个。

让页面上不同含义的内容有序呈现。当页面上的内容只是在说一件事或只有一个段落、层次时，没有必要添加自定义动画，直接使用切换动画即可。而当页面上有多件事或有多个段落、层次时，便可以配合演讲时的节奏，通过添加自定义动画的方式让内容依次呈现，如图6-39a所示的幻灯片中含有 3 层内容。因此可以分别添加自定义动画，使其按先后顺序进入页面。

强调页面上的重点内容。当前页面上的重点，需要着重突出的，除了字号、颜色等设计上的强化外，还可以单独添加动画进行强调。如图6-39b所示的幻灯片，通过添加"缩放"这一进入动画来实现对"企业电子商务绝非是局部优化"这句话的再次强调。

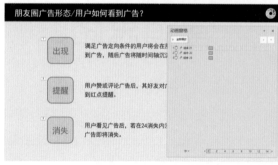

（a）幻灯片中含有3层内容　　　　　　　　　　　　　（b）强调内容

▲图6-39 为什么要添加动画

引起关注。页面上的大多数内容都是静态的，若为其中的部分内容添加一个自定义动画，很容易引起观众注意。如图6-40所示，为了引起观众对"简约"一词的关注，故意将该词从原文本框中拆分出来，单独添加强调动画"放大"；又如图6-41所示，为了让观众关注那栋压轴楼王，在原图上沿着楼宇的轮廓绘制了半透明填充的任意多边形，并对其设置重复播放的强调动画"脉冲"。

▲ 图6-40　引起观众对"简约"一词的关注　　▲ 图6-41　引起观众对某栋楼的关注

总而言之，为对象添加动画应有所目的，随意滥用自定义动画带给观众的感觉必然是突兀的。

2. 用大众普遍接受的自定义动画

大家都知道，对象动画包括进入、强调、退出和动作路径4种类型，每种类型又根据动画效果的明显程度分为基本型、细微型、温和型、华丽型几组。高手们制作的那些看起来十分炫酷的动画大多是通过各种类型的组合、为一个对象添加大量的动画等方式实现的。日常办公、严肃演讲等普通应用场景无须把动画做得那么复杂，不要由着个人的喜好使用非常跳跃的动画（如弹跳、下拉），尽量使用大众普遍能接受的动画，以确保内容呈现自然、不突兀。

根据笔者以往的经验，推荐以下几种大众普遍接受的动画效果。

（1）进入动画。

淡化，非常经典的效果，比"出现"要柔和，无论文字、图片、形状，使用该动画都不会出问题，如图6-42所示。

浮入，可上浮或下浮，这种下降或上升的过程应用在一些重点文字上会给观众一种隆重推出、提醒关注的感觉，如图6-43所示。

擦除，可从上方、下方、左侧、右侧等方向擦除文字或对象，如图6-44所示。

轮子，有圆形、圆环、弯曲线条等部分形状，使用该动画可表现绘制的过程，雷达扫描、倒计时刷新等均可利用该动画制作，如图6-45所示。

缩放，在强调某些重点对象特别是重点文字时效果较好。当对象外形较大时，可选择以幻灯片页面为中心缩放，如图6-46所示。

旋转，纵向对称轴式的旋转，某些小图标进入时选择这种动画，看起来会更加生动、活跃，如图6-47所示。

淡化　　　　浮入　　　　擦除　　　　轮子　　　　缩放　　　　旋转

▲图6-42　淡化　▲图6-43　浮入　▲图6-44　擦除　▲图6-45　轮子　▲图6-46　缩放　▲图6-47　旋转

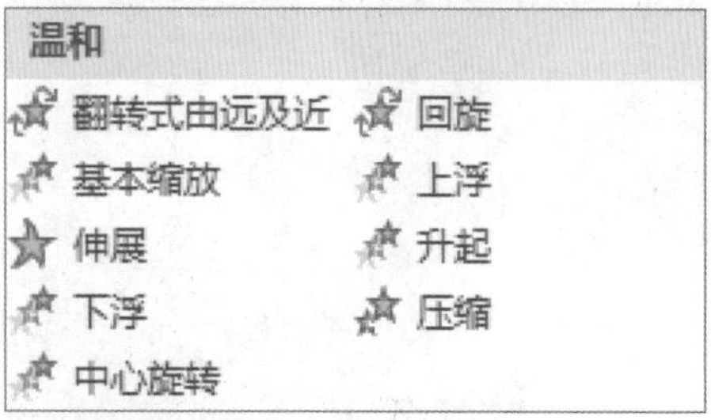

温和

翻转式由远及近　　回旋

基本缩放　　　　上浮

伸展　　　　　　升起

下浮　　　　　　压缩

中心旋转

▲图6-48　压缩

压缩，需要在"更改进入效果"对话框中选择，如图6-48所示。单行文字，小结论应用该动画效果不错。

（2）退出动画。

与进入动画是逆向的变化，一般来说，PPT 很少应用退出动画。在多种动画组合时，常用"消失"和"淡化"使对象快速退出页面。

（3）强调动画。

脉冲，让某个对象吸引观众关注时使用该动画的效果不错。大多会添加"重复"效果，使对象如同心跳或呼吸般持续震动，如图6-49所示。

陀螺旋，即圆周旋转，对于某些形状来说，应用陀螺旋动画能够让其生动起来（设置重复动作），比如太阳形、圆形等，如图6-50所示。

放大／缩小，使用放大效果可实现强调的目的，如图6-51所示。

彩色脉冲，与脉冲作用相同，脉冲是通过大小的变化引起观众关注，而彩色脉冲是通过颜色的变化引起观众关注，如图6-52所示。

脉冲

陀螺旋

放大／缩小

彩色脉冲

▲图6-49　脉冲　　　▲图6-50　陀螺旋　　　▲图6-51　放大／缩小　　　▲图6-52　彩色脉冲

大师点拨 ＞　如何让一个动画重复出现？

　　在"动画窗格"中选中需要重复出现的动画，按【Enter】键打开"动画属性设置"对话框。对话框中有两个或三个选项卡："效果""计时"及另一个对象属性动画选项卡，通过设置其中的选项，可以对动画效果进行进一步的丰富。比如，在"放大／缩小"这一动画的属性对话框设置放大／缩小的具体尺寸。若要让一个动画重复出现，则可以通过对话框的"计时"选项卡设置，重复方式可以是重复具体的次数后停止，也可以是单击时停止等。

（4）动作路径动画。

弹簧、中子等图形路径的使用频率一般不高，只需要掌握向左、向右及根据需要自定义路径即可。动画的开始和结束位置都会以半透明色显示出来，因而对于运动的轨迹可以更好地把控，借此即便普通人也能做出多个动画组合使用的复杂动画效果。

动作路径动画的路径也能进行顶点编辑（直线路径无法进行顶点编辑），且操作方法与编辑形状顶点相同，如图6-53所示。如果对形状的顶点编辑比较熟练，那么对于动作路径动画的路径编辑操作也能得心应手。

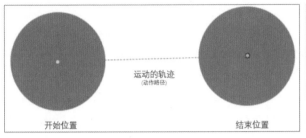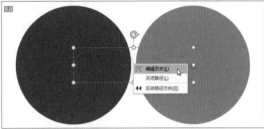

▲ 图6-53　动作路径动画

技能拓展 ＞　**路径的锁定与解除锁定**

　　锁定是指将路径动画的路径固定在添加该动画时所在的位置，无论是否改变对象本身的位置，路径的位置都不发生改变。而解除锁定是指路径不固定，它会跟随对象一同移动。锁定与解除锁定都与路径本身的形态无关，并非指路径本身能够延长或变形等。

大师点拨 ＞　**如何将一个对象的动画复制到另一个对象上？**

　　使用动画刷可以将一个对象的动画复制到另一个对象上，从而加快编辑动画的效率。动画刷的使用方法与格式刷相似，单击"动画刷"按钮，复制粘贴一次；双击"动画刷"可以复制粘贴无限次，直至按【Esc】键退出。

3. 为同一对象添加多个动画效果

　　在PPT中，要实现某一动画效果，通常需要将多种动画效果叠加到一起。很多人都知道，使用"动画"选项卡动画组中的"动画"列表框和"高级动画"组中的"添加动画"命令（见图6-54），都能为对象添加动画效果，但极少有人知道怎么为同一对象添加多个动画效果。

　　为同一对象添加多个动画效果的方法很简单，只需要掌握一个很简单的原理即可。为对象添加第一个动画效果时可以通过动画列表框和"添加动画"命令，但从添加第二个动画效果开始，便只能通过"添加动画"命令来添加，因为通过动画列表框添加时，第二个动画效果会替换前一个动画效果。

▲ 图6-54　"动画"选项卡

4. 把握动画的播放节奏

自定义动画的节奏过快或过慢都会导致播放节奏不自然。把握好自定义动画的节奏，须学会使用 4 个时间。

（1）开始时间，可以理解为动画的启动方式，当页面上有多个动画时，这一选项设置的是动画的衔接方式。如果要两个或多个动画同时播放，则选择"与上一动画同时"，如图 6-55 所示。

（2）持续时间，即该动画的过程持续多长时间，可直接输入。想让一个动画效果慢一点，就把时间加长；想让动画效果快一点，则把时间缩短，如图 6-56 所示。

（3）延迟时间，结合"与上一动画同时"这一开始时间使用，可以在时间轴上更好地设置各个动画启动的时间，如图 6-57 所示。比如，当前页面中有一个椭圆动作路径动画和一个文本框出现动画，想在椭圆运行到某个位置时让文本框出现，首先把椭圆的动画设置为第一个动画，文本框动画设置为第二个动画并选择与上一动画同时，其次观察椭圆运行到指定位置的时间，最后将文本框的动画设置为延迟这一时间即可实现。

（4）时间轴，按键【Alt】→【A】→【C】键打开"动画窗格"，在这里可以看到页面上添加的所有动画，这些动画都按启动方式、先后顺序排列在时间轴上，如图 6-58 所示。

如果在"动画窗格"中按住鼠标左键将时间轴拖动到窗口下方，就更像我们常见的时间轴了。选择某个动画并按住鼠标左键上下拖动即可改变动画启动的先后顺序。当鼠标指针放置在动画的持续时间（时间轴上的那些色带）上变成黑色双向箭头 ←→ 时，按住鼠标左键并拖动鼠标可改变动画的开始时间，鼠标指针放置在动画持续时间末尾变成 ←|→ 时，按住鼠标左键拖动鼠标可改变动画的持续时间。

▲ 图 6-55　开始时间　　▲ 图 6-56　持续时间　　▲ 图 6-57　延迟时间　　▲ 图 6-58　时间轴

6.2.3　PPT 高手常用的 7 个动画小技巧

本章最后再补充介绍一些高手常用的、能够快速有效地提升新手制作动画的能力且日常使用 PPT 过程中也能用上的一些动画小技巧。

1. 图层叠放

将相同或不同的对象在页面中叠放，利用这一特殊位置关系，即便使用一些简单的自定义动画，也能做出特殊的效果。如文字的光感扫描效果，便可以用两层文字叠加来实现，具体方法如下。

步骤 01 复制文本框，并将复制后的文字设置为与原字体颜色不同的颜色（具体根据背影颜色和原文字的颜色来选择，一般选择白色、灰色才有光感的效果），为复制的这份文字（本例中的灰色文字）添加一个"阶梯状"进入动画（左下方向）和一个"阶梯状"退出动画（右上方向），适当将退出动画延迟一定时间，如图 6-59 所示。

▲ 图6-59　添加动画效果

步骤02 将复制的文字叠放在原文字上方，如图6-60所示。通过简单的"阶梯状"动画制作的光感扫描效果就实现了，如图6-61所示。

▲ 图6-60　叠放文字

▲ 图6-61　文字光感扫描效果

利用这一方法，我们还可以用一张静态的图片，做出点亮灯火的亮灯动画效果。具体方法如下。

步骤01 插入一张亮灯状态的、色彩明艳的图片，然后复制该图片。调节复制的图片的亮度、饱和度，使其产生一定的去色效果（近似关灯的效果），如图6-62所示。

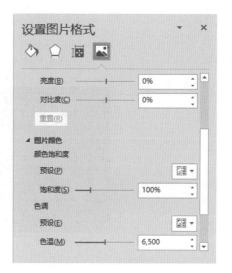

▲ 图6-62　调整图片亮度、饱和度

165

步骤⑫ 将原图叠放在去色后的图片上，然后添加"淡入/淡出"动画，并适当延长其持续时间，如图6-63所示。这样可以使灯火缓慢亮起，更为自然，如图6-64所示。

▶图6-63 添加"淡入/淡出"动画

▶图6-64 图片动画效果

同理，我们还可以利用叠放来制作由模糊到清晰的镜头调焦效果。若精通Photoshop软件，在其中调整某个对象（如LOGO）的打光变化，导出从不同角度打光的多张图片，在PPT中还可以做出光源来回照射的非常有质感的效果。

2. 溢出边界

PPT放映时，只会显示出现在幻灯片页面内的对象。但利用幻灯片页面外的位置，也能实现一些特殊的动画效果，如胶片图展，具体方法如下。

步骤① 将所有要展示的图片设置为相同的高度，整齐排列成一行并组合在一起。最左侧的一张图片对齐幻灯片的左边界，任由部分图片溢出幻灯片右边界，如图6-65所示。

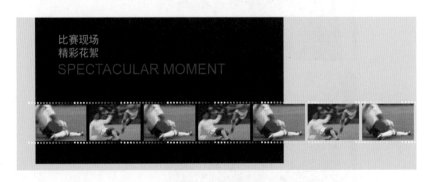

▶图6-65 排列图片

步骤② 为组合好的图片添加一个向左的动作路径动画，适当调整动作路径动画的结束位置，使最右边一张图片的右边界刚好对齐幻灯片页面的右边界。根据图片的数量设置动作路径动画的持续时间，为了让图片匀速移动，可在对路径动画属性进行设置时将开始与结束的平滑时长取消，如图6-66所示。

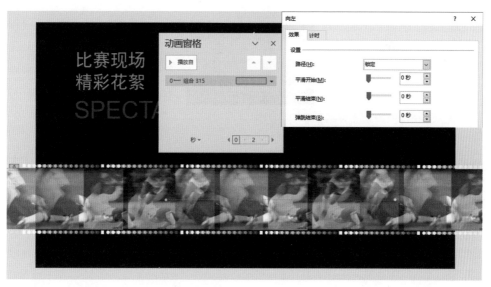

▲ 图6-66 设置动画路径和效果

我们常常在网页上看到的图片轮播效果也可在 PPT 中实现，具体操作步骤如下。

步骤 01 将图片插入幻灯片页面（本例以纯黑色为背景），插入的图片数量随意，本例以3张广告图为一组，两组图片切换轮播。首先，为保证轮播动画的效果，先将所有图片剪裁为相同的尺寸。然后，将一开始要出现在页面上的3张图片（广告1、广告2、广告3）排列在页面上，再将轮播动画后切入进来的3张图片（广告4、广告5、广告6）排列在幻灯片页面外，并通过对齐按钮使这6张图片顶端对齐、横向分布间距一致，再将页面内的3张图片、页面外的3张图片分别组合。最后，在页面上添加蓝色、红色两个矩形作为动画触发按钮，如图6-67所示。

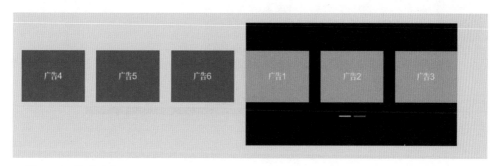

▲ 图6-67 排列对象

步骤 02 选择页面内3张图片构成的组合（本例中的组合20，绿色图），添加"向右"的动作路径动画，开始时间设置为"单击时"，并在按住【Shift】键的同时拖动动画结束位置的小红点，将该动画的结束位置设定在3张图片刚好平移到幻灯片页面外的位置（广告1图片刚好移出幻灯片页面外）。同理，为页面外的3张图片构成的组合（本例中的组合21，棕色图）也添加"向右"

的动作路径动画，开始时间设置为"与上一动画同时"，其动画结束位置设定在当前的组合20所在的位置，且与当前的组合20所在位置完全重合，如图6-68所示。

这样单击鼠标左键，组合20移出幻灯片页面的同时组合21会移入页面。

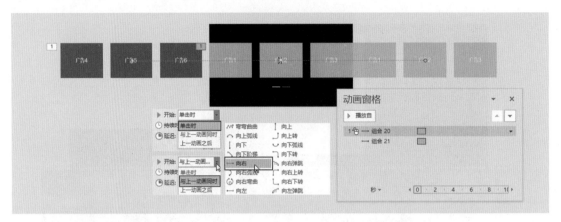

▲ 图6-68　添加动画效果

步骤 03 在"动画窗格"中选中组合20按【Enter】键，打开动画属性对话框。在对话框中切换至"计时"选项卡，单击"触发器"按钮，在"单击下列对象时启动动画效果"下拉列表中选择"矩形7"，即红色矩形。单击"确定"按钮，返回"动画窗格"，将组合21拖动至组合20下方，如图6-69所示。这样，刚刚设定好的动画就只有在单击红色矩形时才会播放（预览效果也无法像普通动画一样单击"动画窗格"中的"播放自"按钮在编辑时预览，而只能进入播放状态才能预览）。

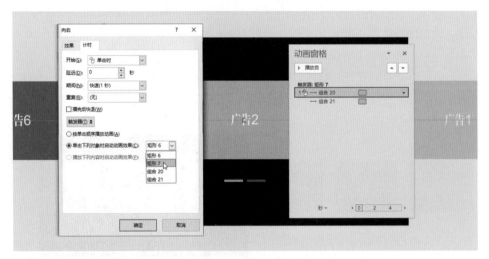

▲ 图6-69　添加触发器

步骤 04 为了让两组图片循环切换轮播，再次选中组合21（棕色图片），并再次添加"向右"路径动画，开始时间依然是"单击时"。不过，这一次需要将结束位置的小红点，平移至刚刚组合20（绿色图片）路径动画的结束位置，即幻灯片页面右侧边界外。而开始位置的小绿点则平移至当前组合20（绿色图片）所在位置，即步骤02中为组合21（棕色图片）添加的路径动画的结束位置，如图6-70所示。

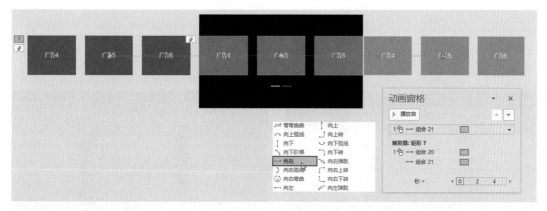

▲图6-70　添加路径动画

步骤05 再次为组合20（绿色图片）添加"向右"路径动画，动画开始时间为"与上一动画同时"，动画的开始位置设为当前组合21（棕色图片）所在位置，动画的结束位置设为当前组合20（绿色图片）所在位置，如图6-71所示。

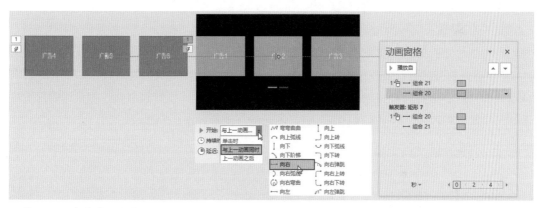

▲图6-71　设置动画效果

步骤06 在"动画窗格"中，将组合21第二次添加的路径动画的开始方式设置为单击"矩形6"（蓝色矩形）时开始，并将组合20第二次添加的路径动画拖动在其后，如图6-72所示。为了使图片轮播切换时的效果更好，建议将4个路径动画的持续时间都设置为01：00。

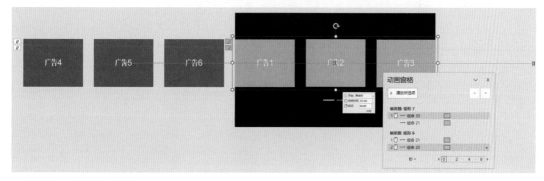

▲图6-72　调整动画顺序

经过上述操作后，进入播放状态，单击红色矩形，广告1、广告2、广告3三张图片向右移出视线，

而广告4、广告5、广告6 三张图片则同时移入视线；单击蓝色矩形，广告4、广告5、广告6 三张图片移出视线，广告1、广告2、广告3 三张图片移入视线，从而形成网页中常见的轮播效果，如图6-73所示。

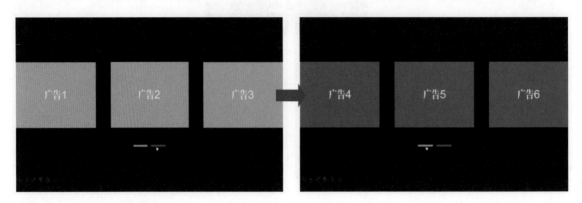

▲ 图 6-73　预览动画播放效果

　　PPT 不支持透明Flash 动画，但像透明Flash 动画中常见的箭头来回滚动的动画也可以利用特殊位置，通过"飞入"这一简单的自定义动画实现。具体方法如下。

　　在幻灯片页面外的左、右两侧分别添加一个箭头形状（可在"符号"对话框中的 Wingdings 字体中选择），并令箭头前方背对幻灯片页面，如图6-74所示。为这两个箭头分别添加"飞入"动画，向左的箭头自右侧飞入，向右的箭头自左侧飞入。两个动画的开始时间设置为同时，为了让效果更真实，可将其中一个动画的持续时间设置得稍长一些。动画最终效果如图6-75所示。

▲ 图 6-74　添加动画效果

▲ 图 6-75　动画最终效果

平滑切换动画效果利用溢出边界也可以做出从无到有的特殊效果，如图6-76所示。

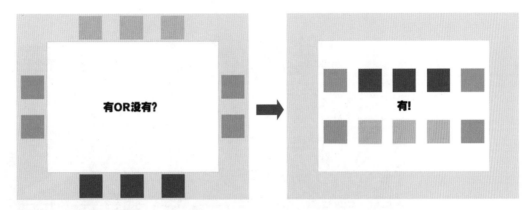

▲ 图6-76 特殊动画效果

3. 形状辅助

在制作动画时，形状也能起到不小的作用，比如实现播放过程中4:3尺寸到宽屏尺寸的切换。具体方法如下。

步骤01 在当前4:3尺寸的页面中添加一个16:9的矩形，然后等比例拉伸或缩小至与页面宽度相同并将其水平、垂直居中。沿着矩形的上边缘与页面上边缘，矩形的下边缘与页面的下边缘分别添加一个纯黑色的矩形，如图6-77所示。

步骤02 把 16:9 的矩形删除，将内容排在两个黑色矩形之间。为上、下两个矩形分别添加自顶部飞入和自底部飞入动画，设置开始时间为同时开始，并置于当前页面所有动画的最前面，如图6-78所示。这样，当PPT播放到该页面时，两个黑色矩形便会自动将屏幕压缩为宽屏，对于一些宽幅比例的全图型排版或展示，效果会更好一些。

▲ 图6-77 添加矩形　　　　　　▲ 图6-78 添加动画

又如，利用线条、任意多边形等形状让静态的地图"活"起来。

步骤01 将道路沿着其路径使用半透明色的曲线描出来，重要的区域使用半透明色填充的任意多边形勾勒、遮盖，重要的点位使用泪滴形指示并对相关标识添加标注……对静态的平面图上需要表现的要点都利用形状标记出来，如图6-79所示。

▶图6-79　利用形状标记
地图

步骤02　为这些形状添加自定义动画，比如为所有道路添加擦除效果，为泪滴形添加"浮入"动画，为任意多边形添加"出现"动画。某个重要位置，如本例中"我的位置"，还可以添加重复的上下移动路径动画，最后将这些动画的时间轴调整一下即可，如图6-80所示。

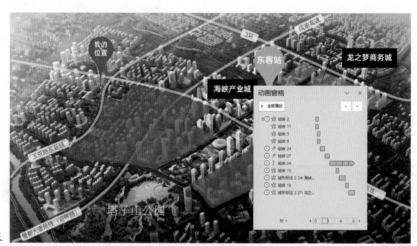

▶图6-80　添加动画效果

技能拓展 ＞　使用动画效果须注意统一性和差异性

　　逻辑上同级的页面、对象等使用同样的动画，可达到从动画的层面强化PPT逻辑性的效果。不过，过多雷同的动画效果也容易引起观众的反感。因此，逻辑上不同级的页面、对象等在动画上应进行差异化选择，或根据页面上的具体内容稍作变化。

　　此外，我们还可以利用渐变色填充的椭圆形按自定义路径动画移动作为模拟光源，利用长波浪形向左移动路径动画制作流动的水面动画效果，利用多个圆环路径动画制作涟漪动画效果等。总之，当你找不到提升页面动画效果的方法时，形状也许可以帮上忙。

4. 动画组合

为同一个对象同时添加多种动画，即动画的组合使用，比单独使用一种动画效果自然要好一些。适当掌握一些比较常用的动画组合方式，可满足 PPT 日常操作中对动画的某些特别要求。比如，将陀螺旋动画和动作路径动画同时应用在太阳形上，做出太阳旋转升起的效果。

选择太阳形，添加自定义动画——进入动画"出现"（若该形状已出现在页面上，则可不添加）。在"出现"之后添加强调动画"陀螺旋"，开始时间设置为"上一动画之后"，设置重复效果为"直到幻灯片末尾"。继续添加动作路径动画"弧形"，并将开始时间设置为"与上一动画同时"。稍微编辑一下"弧形"路径的顶点，加长路径动画的持续时间，如图 6-81 所示。添加了多个自定义动画的太阳形便可以像太阳一样一边"发光"（旋转），一边慢慢升上天空了。

同理，利用强调动画"放大／缩小"和动作路径动画组合，可将一张静态的图片在 PPT 中做出镜头摇移（拉近或拉远）效果，多在制作 PPT 电子相册时使用。

首先将图片（制作镜头拉近拉远的效果时，图片最好比幻灯片页面稍大一些，图片质量也应稍微高一些）等比例拉伸至占满整个幻灯片页面（本例中的红线范围），为图片添加自定义动画——强调动画"放大／缩小"，并设置放大比例（放大到镜头要对准的目标且图片不变模糊即可，本例设置为 110%）。接下来继续为图片添加动作路径动画（根据图片情况选择，本例选择的是向下），再稍微调整一下路径的结束位置，即镜头移动对焦的方向，还要确保图片移动后仍然能占满整个幻灯片页面，取消路径动画的平滑开始与平滑结束，调整完成后，将动作路径动画的开始时间设置为与"放大／缩小"动画同时，如图 6-82 所示。

▲ 图 6-81　太阳旋转升起效果

▲ 图 6-82　镜头摇移效果

5. 一图多用

当页面上仅有一张图片作为素材时，如何做出丰富的动画效果呢？其实方法有很多，比如将图片裁剪成几个部分，做成拼合动画。具体方法如下。

利用讲解图片的章节中介绍过的方法将图片裁剪成几个部分（本例中裁剪为3个部分），为了让效果更佳，最好裁剪成稍微带点设计感的造型（本例简单裁剪为两个梯形，一个平行四边形）。接下来为图片的各个部分添加交错的动画效果（能够让图片以一种交错的方式进入本页幻灯片，最终拼合成一张整图，本例中左、右两部分为向下浮入，中间部分为向上浮入）。最后将几个动画效果的开始时间设置为同时，如图6-83所示。拼合动画打破了常规的从整体到局部的认知方式，带来的是一种反其道而行之、从局部到整体的新鲜感。这种拼合动画虽然在很多视频广告中经常出现，但它不一定适合所有图片。

▲ 图 6-83　拼合动画

再如，将图片复制成或大或小、色调不一的多张图片做成闪动动画。首先将原图（本例中的"无边框中图"）复制3份，将其拉大调整成多种色调（本例中的灰、蓝、绿调大图），再复制2份，裁剪放大局部（本例中的边框帆船小图和边框海洋小图）。然后先为后面3张大图按灰、绿、蓝的顺序分别添加淡化进入和退出动画、消失动画，实现3张图的闪动出现（消失动画的开始时间为上一动画之后），接着边框帆船小图和边框海洋小图同时淡入，之后又同时消失，最后原图缓慢淡出（持续时间设置得稍长点），如图6-84所示。这样就做出了一种图片不同色调，局部、整体闪动，最后原图终于进入眼帘的动画效果。这里只是简单介绍，实际上还可以将图片的位置排得更灵活多样一些，各种图片反复闪出次数再增加一些，效果会更逼真。

关于一图多用做出的丰富动画效果，还有图层叠放中介绍的用法可供参考。根据图片本身的情况，灵活使用图片，一张图动起来也很精彩！

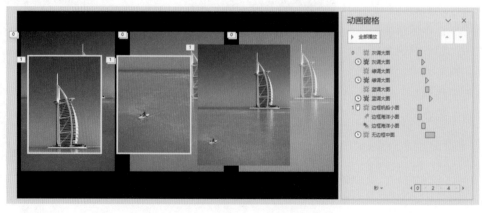

▲ 图 6-84　闪动动画

6. 模拟真实

模拟生活中的真实场景，有时并不需要太高超的动画制作技巧，如卷轴展开的过程动画可按如下方法制作。

将卷轴图片复制两张并将其重叠在一起，充当左右两边的轴。将两根轴重叠在一起置于幻灯片页面水平中央，再将卷轴内的图片裁剪、调整尺寸至与卷轴相匹配。将裁剪后的图片置于卷轴图层下，同样水平居中。接下来分别为两根卷轴添加向左、向右的动作路径动画，为图片添加"由中央向左右展开"的劈裂动画，并将三个动画的开始时间设置为同时开始，稍微调整一下劈裂动画的持续时间，使其能跟上卷轴的移动，如图6-85所示。这样一个模拟卷轴展开的动画就做好了。

又如在PPT中模拟城市繁华的探照灯照射效果，具体操作方法如下。

步骤01 插入一个等腰梯形，然后将其高度增加，宽度减少，以白色到透明色的渐变色填充（本例设置参数：位置0%，透明度31%，亮度95%；位置39%，透明度50%，亮度0%；位置100%，透明度100%，亮度0%），无轮廓色，模拟一道射线光。将原梯形复制成两长、两短的4条线，最细端相接，然后将两道长的射线光组合，两道短的射线光组合，并将两个组合放在一起（并非将两个组合再次组合），旋转一定角度形成一个X形，如图6-86所示。

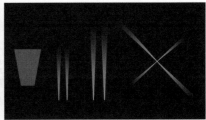

▲图6-85　卷轴展开动画

▲图6-86　制作探照灯灯光

步骤02 将城市图片复制一份，通过PPT中去背景的操作将城市图片的前景部分（红色线条以下）抠出来，重新叠在原城市图片上，如图6-87所示。

▲图6-87　抠图

步骤 **13** 将做好的两组射线光放在抠出来的城市前景与城市图片原图之间，并对两个组合分别添加顺时针和逆时针的重复"陀螺旋"强调动画，如图6-88所示。此时播放PPT便可以看到原本静态的城市图片上模拟出了两道射向夜空的探照灯。

▶ 图6-88　制作探照灯效果

7. 辅助页面

为了达到某种动画效果，形状可以作为辅助工具，页面也可以作为辅助工具。比如，现实生活中帷幕大多是红色的，为了让"上拉帷幕"这一切换动画的效果更好，我们可以在该页前增加背景为纯红色背景、无任何内容的动画辅助页，使上拉的帷幕变成红色，如图6-89所示。

▲ 图6-89

为平滑切换动画而添加辅助页面更是常见的操作。另外，有些自动播放类PPT、转换视频格式PPT，为了实现停顿、叙事场景转换等目的，也会添加一些辅助性的纯黑色页面。关于PPT的动画技巧远不止以上7个，更多的技巧最终还需要大家去探索、思考、领悟，这里仅是抛砖引玉，供读者朋友打开思路。虽然我们不一定要学会那些极其复杂的动画制作方法，但是多看高手的作品，甚至将它们下载下来慢慢研究、琢磨，对于掌握一些简单、常用的动画效果还是很有帮助的。

神器7：动画制作好工具——口袋动画PA

当需要制作比较复杂的动画效果时，利用PPT的动画效果制作可能需要很复杂的操作来才能完成，而口袋动画插件的主要功能是简化PPT动画设计过程，完善PPT动画功能。

　　口袋动画PA 是基于PowerPoint 的一个插件，将所有功能以选项卡的形式集成显示于PowerPoint 中，如图6-90所示。在"一键动画"组中，可以根据需要选择添加相关的动画效果。另外，在"动画盒子"组中单击"超级动画库"按钮，会打开如图6-91所示的"个人设计库"任务窗格。"动画盒子"界面中提供了许多PPT 模板，包括图片、文字、动画等素材，下载即可使用；在"添加动画"界面中可以为选择的对象添加动画效果；在"全文动画"界面中可为PPT 的对象添加模板中提供的动画效果。

► 图6-90 "口袋动画 PA"选项卡

► 图6-91 "个人设计库"任务窗格

　　应用"全文动画"中的动画模板，快速为PPT 添加动画效果的具体操作方法如下。

步骤01 在"个人设计库"任务窗格中切换至"全文动画"界面，该页面中提供了各种比较常见且比较经典的动画效果，单击需要应用的动画效果对应的"下载"按钮（见图6-92）即可下载动画。

► 图6-92 下载需要的动画效果

步骤02 下载完成后，即可根据当前PPT 中的内容新建一个PPT，并为PPT 添加需要的动画效果，如图6-93所示。

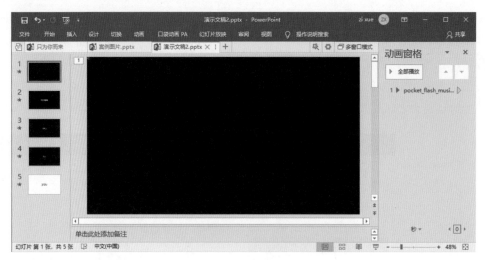

▲ 图 6-93　添加动画效果

　　一些教学课件中常用的演示动画，如铁在纯氧中燃烧、丁达尔效应等（见图 6-94），还有流行的苹果发布会快闪动画、抖音动画等（见图 6-95），都可以通过口袋动画插件轻松制作。

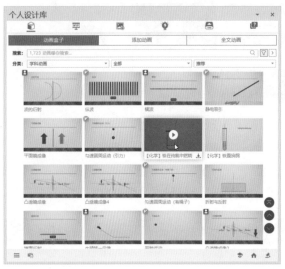

▲ 图 6-94　学科动画

▲ 图 6-95　快闪动画

中篇

技术——手段硬效率高

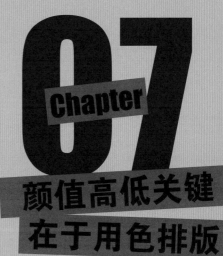

Chapter 07

颜值高低关键在于用色排版

美，
　对于观众，有时只是一种看起来舒服的感觉，
　说不清，道不明。
　然而，对于设计者，
　美源自字体，源自图片……源自方方面面对美的构建与思量。
　用色与排版，更是成就 PPT 之美的关键所在。

7.1 关于色彩的使用

要做出漂亮的PPT，就必须学会合理使用颜色。不会用色的人往往滥用颜色，做出来的PPT 看起来处处是重点，虽然色彩丰富但并不美观，如图7-1所示。

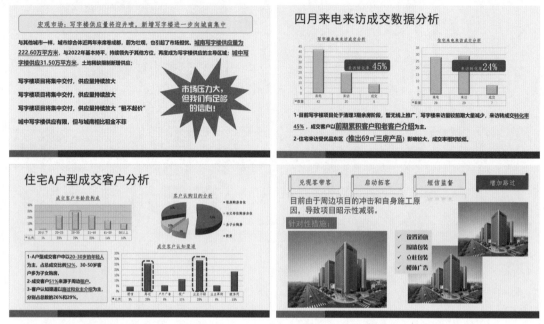

▲ 图7-1 滥用颜色的PPT

而会用色的人在色彩选择方面比较讲究，做出的PPT 色彩和谐、统一，不但令人赏心悦目，而且层次鲜明、重点突出，如图7-2所示。

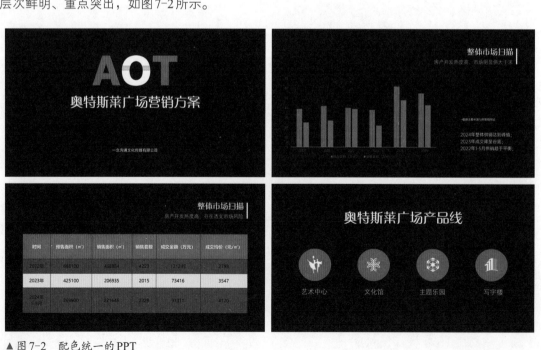

▲ 图7-2 配色统一的PPT

可见，会用色与不会用色对 PPT 设计效果的影响不小。要提升 PPT 设计水平，让自己的 PPT 作品变得更美，一些配色知识和配色技巧的学习就必不可少。

7.1.1 学好PPT配色必知的色彩知识

在阅读关于设计配色的书籍、教程时，你是否遇到一些难懂的色彩概念？对于色彩领域的专业知识，你是否刨根问底地学习过？在广阔的色彩知识领域中，以下几点是学好PPT配色所必须掌握的。

1. 有彩色和无彩色

从广义的角度区分，色彩可分为无彩色和有彩色两大类，如图7-3所示。

无彩色：根据明度的不同表现为黑、白、灰。

有彩色：根据色相、明度、饱和度的不同表现为红、黄、蓝、绿等色彩。

2. 色相、饱和度、明度和 HSL

色相、饱和度、明度是有彩色的三要素，人眼看到的任何彩色光都是这三个特性综合的结果。

色相：按照色彩理论上的解释，色相是色彩所呈现出来的质地面貌。而设计中常说的不同色相即两个对象颜色的实质不同，比如一个是草绿色，一个是天蓝色，自然界中的不同色相是无限丰富的，如图7-4所示。

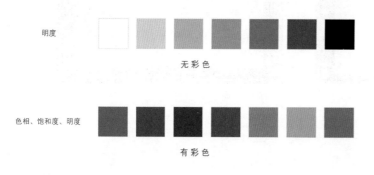

▲ 图7-3 色彩分类

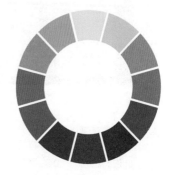

▲ 图7-4 十二色相环

大师点拨 ＞ 色相与色系是一个意思吗？

色系与色相的概念是不同的，色系是按照人对于颜色的心理感受不同而对色彩进行的分类，包括冷色、暖色、中间色三类。蓝绿、蓝青、蓝、蓝紫等让人感觉冷静、沉寂、坚实、强硬的颜色属于冷色系；与之相对，红、橘、黄橘、黄等让人感觉温暖、柔和、热情、兴奋的颜色属于暖色系；中间色则是不冷不暖，不会带给人某种特别突出情绪的颜色，如黑、白、灰。

饱和度：色彩在有彩色和无彩色这个维度上的强弱情况。饱和度越高，色彩越鲜艳；饱和度越低，则色彩越褪色（或说越接近灰色），如图7-5所示。

明度：色彩在明亮程度这个维度上的强弱情况，如亮红色和暗红色的区别，如图7-6所示。

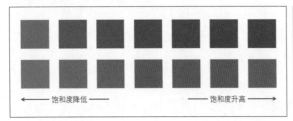

▲图7-5　饱和度

▲图7-6　明度

在PPT "颜色"对话框 "自定义"选项卡的 "颜色"选择面板中，横向为色相切换；纵向为饱和度切换；右侧的色带为明度切换，向上为提升明度，向下为降低明度，如图7-7所示。

HSL：根据色彩三要素理论建立的一种色彩标准。H（Hue）指色相，S（Saturation）指饱和度，L（Lightness）指明度，一组HSL 值可以确定一种颜色。比如，HSL（0，255，128）为红色，HSL（42，255，128）为黄色。在PPT 中，用户可以选择在 "颜色"对话框 "自定义"选项卡下方输入HSL 色值的方式设置对象颜色，如图7-8所示。

▲图7-7　"颜色"对话框

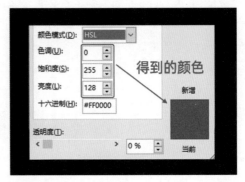

▲图7-8　HSL 颜色模式

3. 三原色和 RGB

三原色：色彩中不能再分解的基本色称为 "原色"，通常说的三原色即红、绿、蓝，如图7-9所示。利用三原色可以混合出所有的颜色。

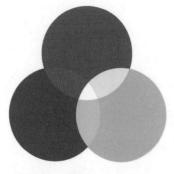

▲图7-9　三原色

技能拓展 ▷　**美术界的三原色**

　　美术界的三原色是指红、黄、蓝，而不是红、绿、蓝。设计界常用的12 色相环（或12 色轮）便是以红、黄、蓝三原色在色环上两两间隔120°为基本，两两进行不同程度混合成色后构成的。

RGB：和HSL 相似，只不过R（Red）、G（Green）、B（Blue）是根据三原色理论建立的一种颜色标准。在RGB 标准中，R、G、B 三色每一色都被划分为0~255 级亮度，因而RGB 标准能够组合出1600 万（256×256×256=16777216）种色彩，这几乎包含了人类视力所能感知的所有颜色。这也意味着一组RGB 整数值（3项，每项取值范围都在0~255）即可确定我们能看到的一种颜色。比如，RGB（255，0，0）为红色，RGB（255，255，0）为黄色，RGB（138，43，226）为紫罗兰色等。

RGB标准的运用非常广泛，目前大多数显示器都采用了RGB 标准，包括PPT 在内的很多软件的默认颜色模式都是RGB 模式。"颜色"对话框"自定义"选项卡下方，默认显示的便是RGB 值的输入模式，和HSL 一样，在这里直接输入一组RGB 值，即可精准设置一种颜色，如图7-10所示。

▲ 图 7-10

技能拓展 > **HTML 和 CMYK**

　　HTML 颜色模式是RGB 标准下多用于浏览器中的色值编码方式，与RGB 的3 个数值一组的方式不同，HTML 为满足浏览器的特殊要求，采用的是16 进制代码。比如，蓝的的 RGB 值为（0，0，255），其HTML 色值为#0000FF。从网络中下载可自定义颜色的素材时，很可能需要输入HTML 色值，而不是RGB 色值。比如，从阿里巴巴矢量图标库下载图标时输入的便是HTML 色值。此时可通过对照颜色色谱或一些工具软件（CorelDRAW、ColorSPY 等）将RGB 色值转化为 HTML 色值。

　　CMYK 颜色模式又称为"四色印刷模式"，是在彩色印刷中通过4 种标准颜色混合叠加得到所有颜色的一种行业规范。印刷品设计类的专业软件常用这种模式，以使做出的作品在输出为成品时颜色更准确。若要确保PPT 作品印刷时色彩准确度更高，可以先将其转化为图片或 PDF 等格式文件导入CorelDRAW等专业软件中，然后转化为CMYK 模式查看、调整后再印刷制作。

7.1.2　获取PPT 窗口外颜色的小妙招

　　对于PPT 来说，配色是非常重要的一部分，它直接影响作品的视觉效果。一份优秀的PPT，无论是背景颜色、字体颜色还是图形对象颜色等，都离不开好的配色。

　　很多没有配色基础的PPT 制作者，配色时都是借鉴其他优秀PPT 或网页中的配色，但如何将这些外来的颜色应用到自己的PPT 中呢？其实，利用PowerPoint 2021就可以解决这个问题。用户可以使用PPT 中的取色器自主选择需要的颜色，不管是PPT 窗口内的任意颜色，还是其他图片、网页中的颜色等，都可以轻松吸取。

　　例如，使用取色器从站酷网采集配色并将其应用于PPT 中的具体操作方法如下。

步骤01 打开站酷网，切换到所需颜色所在的页面。打开 PPT 窗口并缩小该窗口，让其排列在网页窗口上方，并显示出网页窗口中需要吸取的颜色。在PPT 的幻灯片中选择需要配色的对象，然后选择如图7-11所示的"取色器"命令。

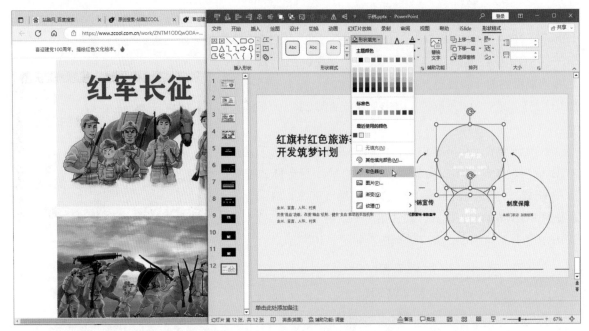

▲ 图 7-11　选择"取色器"

步骤02 此时，PPT 中的鼠标指针将变成 ⟋ 形状，表示可以吸取颜色，当将鼠标指针移动到 PPT 窗口外的其他位置时，就显示 ⟋ 形状，表示不能吸取颜色。要吸取 PPT 窗口外的颜色，就需要在鼠标指针还是 ⟋ 形状时，按住鼠标左键，移动鼠标指针至 PPT 窗口外需要吸取的颜色上，吸管工具右上方将显示吸取颜色的颜色值，如图 7-12 所示。

▲ 图 7-12　显示颜色值

步骤03 在想要的颜色上单击，即可将吸取的颜色应用到选择的幻灯片对象上，如图 7-13 所示，并且

"形状填充"下拉列表中的"最近使用的颜色"栏中将显示吸取的颜色色块，如图7-14所示。

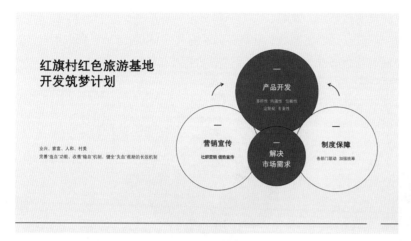

▲ 图7-13　应用吸取的颜色

▲ 图7-14　"最近使用的颜色"
栏中显示吸取的颜色色块

7.1.3　让你的配色更专业

优秀的PPT 设计师一般在设计一份PPT的颜色时会有一个统一的色彩规范，从第一页到最后一页一以贯之，这种色彩规范就是配色方案。

1. 一套配色方案需要几种颜色

每个PPT 主题都有一套颜色方案，其中规定了12种颜色，如图7-15所示。事实上，做PPT时可能用不了这么多颜色。一般情况下，一种背景颜色、一种文字颜色、一种或多种主题色，再加两三种辅助色就可以构成一套PPT 的配色方案了，如图7-16所示。在一套配色方案的几个配色中，主题色的选择最为关键，其他颜色都可以根据主题色灵活选择。

▲ 图7-15　主题颜色

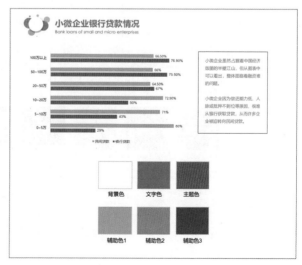

▲ 图7-16　配色方案

2. 确定配色方案的 4 个依据

怎样选择PPT 的配色方案呢？主要有以下4个依据。

根据VI 配色。很多企业或品牌都有自己的 VI 系统（视觉识别系统），VI 中包含了色彩应用规范。制作企业形象或品牌展示性的 PPT 时，可以首先考虑根据VI 配色，如图7-17所示。

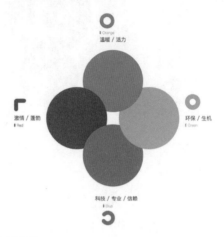

▲ 图 7-17　58 同城新 LOGO 及 VI 色彩规范

但有时候一个企业或品牌虽有LOGO，却没有VI，这种情况下可直接从LOGO 中取色，以确定配色方案。如图7-18所示，将LOGO 的主体颜色作为主题色，进而确定如图7-18 右侧所示的一系列配色。

在通过LOGO 确定配色或其他情况下，我们只能确定主题色，该如何搭配其他颜色呢？

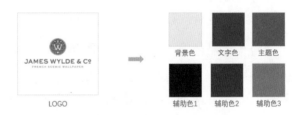

▲ 图 7-18　根据企业 LOGO 配色

对自己的配色能力没信心的读者可以借助ColorBlender网站确定配色方案。用户只需输入主题色的RGB 值，网站将自动推荐一些配色，如图7-19所示。

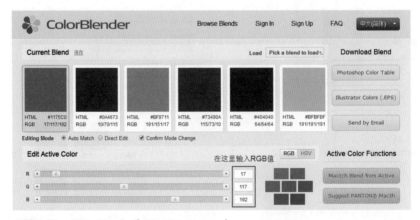

▲ 图 7-19　ColorBlender（colorblender.com）

根据行业属性配色。不同的行业在色彩应用上有不同的特点，不知道如何确定配色时，可直接采用行业通用的色彩规范。比如，环保、教育、公益行业常用绿色、蓝色，政府机关常用红色、黄色……这些知识在本书第 2 章中已介绍过，这里不再赘述。

根据主题配色。与内容主题相契合可谓配色的基本要求，如果严肃、严谨的内容选择热烈、活泼的暖色系配色方案，欢快、轻松的内容选择沉闷、朴实的冷色系配色，就必然使整个 PPT 显得不伦不类。图 7-20 所示的幻灯片内容是关于油品市场的分析，属于较为理性的主题，采用如此活泼的配色会让人感觉轻浮、不可靠，更改为图 7-21 所示的配色方案后则显得严谨得多。

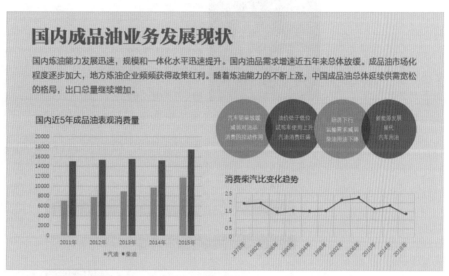

▶图 7-20 配色活泼，显得不严谨

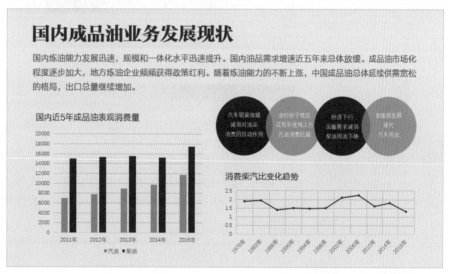

▶图 7-21 配色严谨，更符合主题

根据感觉配色。很多时候客户或设计者心里并没有明确的配色意向，可能只有一个大概的需求，如要有品位一点，要花哨一点，要温馨一点……此时可通过配色网站建立配色方案。比如，网页设计常用色彩搭配表（tool.c7sky.com/webcolor），虽然这是一个为网页设计提供配色的工具网站，但设计是相通的，PPT 同样可以借鉴其中的配色。在网页左侧的"按印象的搭配分类"选项区中选择一种印象分类，即可在页面右侧看到相应印象分类下的一些配色方案建议，如图 7-22 所示。在 PPT 中应用这些配色方案，基本可以达到想要的效果。

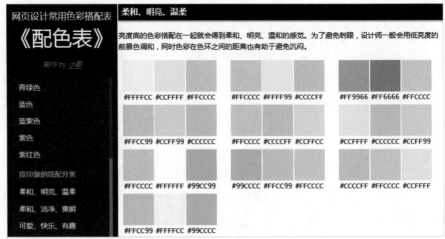

▶图 7-22　网页设计常用色彩搭配表

此外还有配色网，其中的印象配色相对而言更为丰富，如图 7-23 所示。

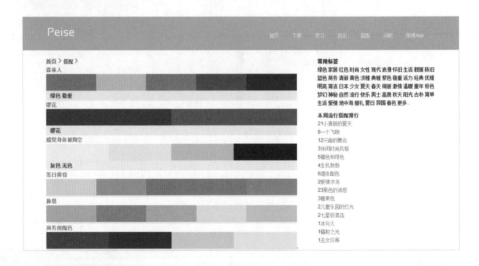

▶图 7-23　配色网

技能拓展 >　以图片优先的配色方式

　　当 PPT 中的图片具有统一的色彩风格时，根据图片配色能够使 PPT 的配色方案与图片更搭。直接用"取色器"在图片上吸取几种颜色，即可建立配色方案。当然，为了让配色方案更专业，还可以借助传图配色的工具网站，如 Pictaculous。

3. 多色方案和单色方案

　　配色方案可简单分为多色方案和单色方案。

　　多色方案即采用多个主题色，色彩丰富，配色方式可以更加多样化，但要求设计者有较好的色彩驾驭能力，否则非常容易导致配色方案色彩混乱，没有质感。一般多色方案的色彩选择也不能过多，选择4种以内的有彩色和无彩色搭配使用便足够了。如图 7-24 所示的4页 PPT，便是由绿、蓝、橙 3 种主题色及灰色字体色搭配而成的配色方案。

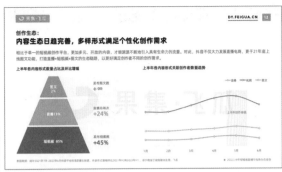

▲ 图 7-24　摘自《果集&飞瓜：2022上半年短视频直播与电商生态报告》

　　多色方案在选择颜色时最好能确保明度一致。再看图 7-24 所示的PPT，其中选用了蓝、青绿、红 3 种明度一致的鲜艳彩色，使整个 PPT 的色彩艳而不俗，看起来非常舒服。一般新手用色时很少注意明度问题，所以在采用多色方案配色时总感觉很难配出美感。

　　关于多色方案的配色，推荐一个不错的配色网站——Color Hunt（colorhunt.co），其中多色方案的配色都是明度一致的（见图 7-25），非常专业，对搭配出好的多色方案很有帮助。

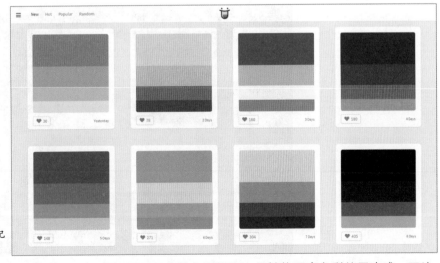

▶图 7-25　多色方案配色网站ColorHunt

　　单色方案即采用单个主题色。同一色相不同明度的色彩搭配，能够体现出色彩的层次感，既统一又不单调、乏味，是最简单易行的配色方法，新手配色可先从单色方案学起。如图 7-26 所示的 4 页幻灯片，即采用的单色方案。

精进PPT
PPT 设计思维、技术与实践（第 3 版）

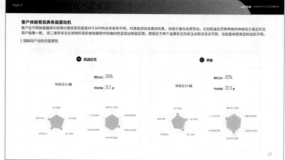
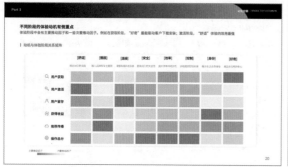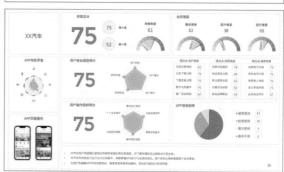

▲ 图 7-26　摘自《DIA& 益普索：汽车 APP 客户体验报告》

　　无论是单色方案还是多色方案，都可以借助 Adobe 公司的官方配色网站 Adobe Color CC 进行配色，如图 7-27 所示。这是一个全面而且专业的配色网站，如果在"色彩规则"中选择配色方案类型，如单色，然后在色轮中选择颜色，网站下方便会自动给出该颜色的单色配色方案。同理，"类比""补色""三元群"等配色规则也一样。单击页面导航菜单中的"探索"，还可以搜索关键词（英文）进行印象配色。

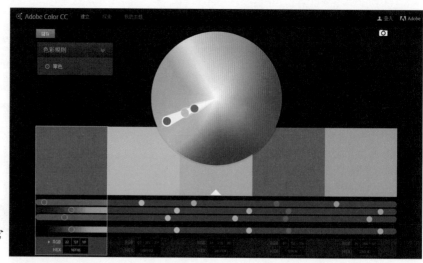

▶ 图 7-27　Adobe 公司的官方配色网站 Adobe Color CC

7.1.4　为什么要用"主题"来配色

　　通过主题设定整个 PPT 的配色方案，即选择"设计"→"变体"→"其他"→"颜色"→"自定义颜色"命令（见图7-28），在打开的"新建主题颜色"对话框中设定配色。这种配色方法有以下两大好处。

▲ 图7-28 新建主题颜色

1. 快速

制作PPT前，先在"新建主题颜色"对话框中设定好配色方案，能够极大地提升PPT的设计效率。比如，已经确定了如图7-29所示的配色方案，要将该方案设置为PPT的配色，操作步骤如下。

打开"新建主题颜色"对话框，将"文字/背景-深色1"和"文字/背景-浅色1"分别设置为配色方案中的文字色和背景色，将"文字/背景-深色2"和"文字/背景-浅色2"分别设置为配色方案中的背景色和文字色，即背景色和文字色交换使用。在使用配色方案中深色的文字色作为背景色时，文字的颜色就用配色方案中浅色的背景色，从而确保深色、浅色背景下文字都能看得清。当然，如果觉得直接交换使用效果不好，也可以在配色方案中再添加一组背景色与文字色。接下来将"着色1"设置为配色方案中的主题色，形状、图表等都默认以该颜色作为主要色彩填充；"着色2""着色3"等就以配色方案中的辅助色按顺序循环填充；将"超链接"设置为主题色，将"已访问的超链接"设置为其中一种辅助色即可，如图7-30所示。

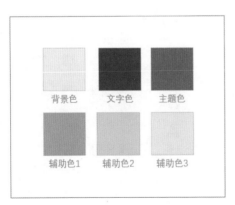

▲ 图7-29 配色方案

▲ 图7-30 新建主题颜色

由于"新建主题颜色"对话框的颜色选取面板中无法使用取色器，因此建议先将配色方案的RGB值写下来，从而方便以输入RGB值的方式填充各个主题颜色。

完成并保存配色后，在幻灯片页面插入的文字、艺术字、公式、形状、图表、SmartArt图形、表格等都将自动配好颜色，如图7-31所示。

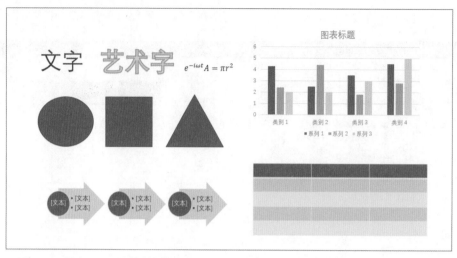

▲ 图 7-31　整套"主题"配色方案

　　此时文字、形状等填充色，轮廓色的选取面板，形状样式面板，表格样式面板，图表样式面板，艺术字样式面板，幻灯片主题效果面板等都发生了相应的改变，如图 7-32 所示。

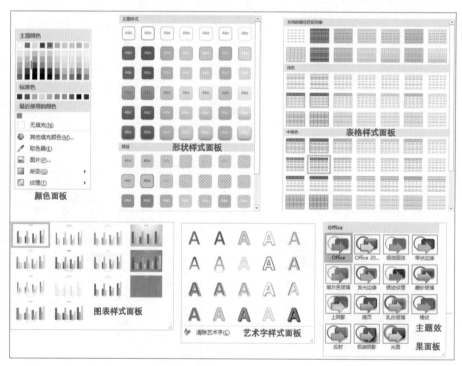

▲ 图 7-32　自动配色后主题颜色的变化

　　新手常常是通过颜色选择面板一个对象一个对象地设定颜色，这样会浪费大量的时间，上述操作无疑可以达到事半功倍的效果。

2. 方便

　　通过"新建主题颜色"对话框配色后，修改配色也十分方便。更改"新建主题颜色"对话框中的相关设置，PPT 将自动保存为新的主题，如图 7-33 所示。使用该配色的对象也会发生相应变化，这样就不需要一个对象一个对象地修改了，还可以通过主题的切换对比不同配色的效果。

通过"新建主题颜色"对话框建立的配色方案将保存在PPT软件中，不仅当前文档可以用，其他文档也可以一键沿用。有些公司要求每次出品的PPT文档风格要一致，采用这种配色方法操作起来就方便多了。

▲ 图7-33　自定义的主题颜色

7.1.5　PPT设计中灰色的用法

很多专业设计师制作PPT，都喜欢在配色方案中加入灰色。灰色作为一种无彩色，明度介于黑、白之间，不会过深，也不会过亮，和任何色彩都能相对融洽地搭配，合理地使用灰色，既可解决多色配色方案配色过于艳丽和单色配色方案颜色单调问题，还能以自身天然的色彩气质赋予PPT高级感。

1. 使用灰色页面背景色

选择有彩色作为背景，会有明显的风格倾向性，对页面元素的用色会有更多要求；选择黑、白色作为背景，又略显普通；而选择灰色作为背景既方便设计排版，又不至于太普通。如图7-34所示小米发布会页面，采用渐变灰背景，对产品起到了很好的衬托作用，视觉上也非常有质感。

▶图7-34　小米发布会
PPT使用渐变灰背景

2. 使用灰色色块

在纯白色背景页面的排版过程中，页面内容较少则非常容易显得空洞，合理地添加一些装饰性灰色色块就能解决这一问题，并提升页面设计感，如图7-35所示。

▶图7-35　添加装饰性
灰色色块

当我们需要弱化页面中的次要对象，突出主要对象时，也可以通过设置灰色色块使之与主色调色块形成对比来实现，如图7-36所示。

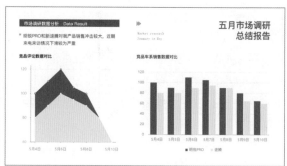

▲ 图 7-36　添加灰色作为对比

3. 使用灰色文字

在浅色页面背景的PPT中，很多人习惯于直接选择纯黑色作为文字的配色，以确保其"显眼"，实际上，纯黑色在这样的背景中常常是过于"显眼"，甚至有些刺眼。如果根据背景情况选择一定灰度的灰色作为文字配色，视觉感受会更柔和、舒适些，如图7-37所示。

▲ 图 7-37　设置灰色文字

7.1.6　PPT设计中渐变色的用法

近些年，渐变色配色风格逐渐流行起来，从UI界面设计到平面设计，各类设计中都常常能看到渐变色配色风格作品。PPT中合理地使用渐变色配色，也有不错的效果，如图7-38所示页面背景色采用渐变色，图7-39所示页面文字采用渐变色填充，图7-40所示页面圆角矩形色块采用渐变色填充，图7-41所示页面图表（条形图）中使用渐变色填充。

▲ 图 7-38　背景渐变色　　　　　　　　　▲ 图 7-39　文字渐变色

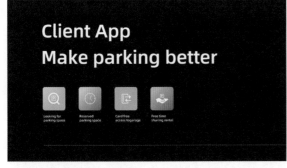

▲ 图7-40　色块渐变色

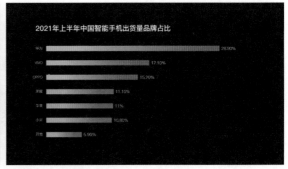

▲ 图7-41　图表渐变色

比起纯色，使用渐变色配色主要有以下优势：1.色彩丰富性和层次感更好，更醒目；2.给页面元素带来光感、动感；3.紧跟设计潮流，设计更具时尚感、高级感。有些人对渐变色的理解可能还停留在PowerPoint 2003渐变色艺术字阶段，如图7-42所示，这种效果显然已难以满足当下审美需求。如何在PPT中制作漂亮的渐变色？有以下一些思路。

▲ 图7-42　不美观的渐变色效果

1. 色相不宜多，双色更好驾驭

如图7-43左侧PPT背景，由于颜色（色相）选择过多，渐变的过渡空间有限，色彩挤压、变化剧烈，视觉上就显得脏、乱，如图7-43所示只选择两个颜色，过渡柔和，效果就要好很多。

▲ 图7-43　双色相渐变色配色

2. 不同明度或不同饱和度渐变

使用同一颜色（色相）的不同明度或饱和度进行色彩渐变，将渐变控制在同一色彩范围内，更好驾驭，有光感效果。图7-44所示是不同明度紫色渐变，图7-45是不同饱和度水蓝色渐变。

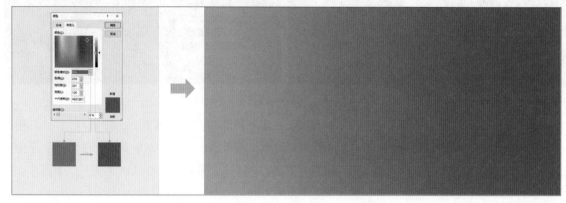

▲ 图7-44 不同明度渐变紫色配色

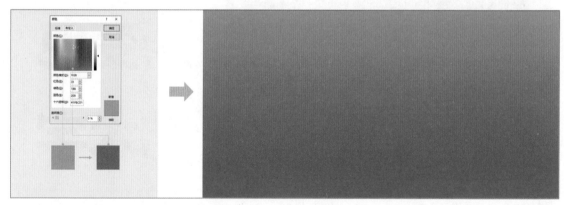

▲ 图7-45 不同饱和度渐变水蓝色配色

3. 色轮邻近色渐变

12色轮及其各种变体色轮当中的颜色排列都有一定规律，只需搜索一张规范色轮图，取其中相邻的两色进行配色，也能配置出舒服的渐变色，如图7-46所示。

▲ 图7-46 色轮渐变色配色

4. 借助工具配置渐变色

借助专业的配色工具能帮助我们轻松配置出更多漂亮的渐变色。如CoolHue 2.0渐变色配色工具网站（webkul.github.io），网站提供了大量的渐变色配色方案，找到想要的配色后，复制配色方案下方列出的十六进制代码，输入渐变光圈滑块的着色"自定义颜色"对话框相应位置中，即可将这个配色方案应用到PPT中，如图7-47所示。

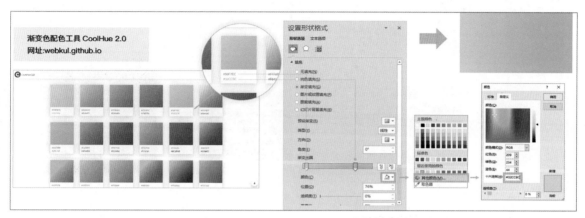

▲ 图7-47　使用CoolHue 2.0进行渐变色配色

5. 让渐变过渡趋于柔和

在渐变色调试过程中，要注意控制好渐变光圈的滑块，一般情况下，两个滑块过于接近将造成色彩剧烈过渡，破坏页面美感；滑块保持一定距离，留足色彩过渡空间，渐变更柔和。

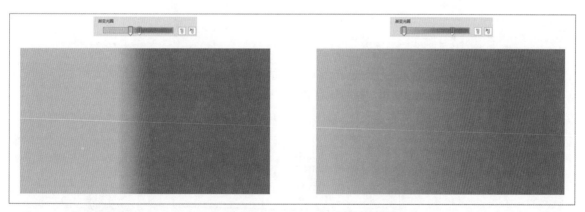

▲ 图7-48　柔和过渡渐变

6. 找渐变色图片素材

直接在图片素材网站搜索现成的渐变色素材图片，再通过设置页面背景，设置文字、形状填充等方式应用到PPT中，无须自己调色，简单、稳妥。如图7-49所示，在Pexels网站中搜索关键词"gradient"（变化率），可以得到很多效果不错的渐变色图片。

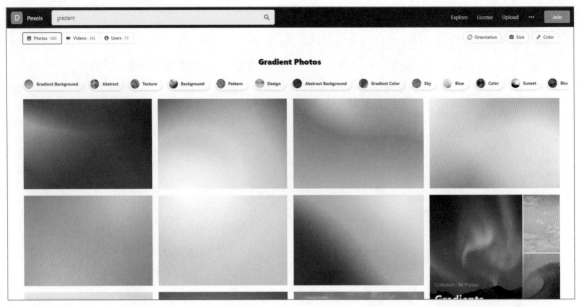

▲ 图 7-49　Pexels 网站渐变色图片

7.2　关于排版设计

　　排版，非常能体现一个人的审美素养。审美也许是天生的能力，但也可以通过学习一点理论和学习别人的经验建立起来。

7.2.1　基于视觉引导目的排版

　　人们通常的阅读习惯是从上至下、从左至右，生活中的很多内容都是基于这种阅读习惯排版的。因而一般情况下，PPT 页面的排版也应按照这种阅读习惯进行，顺着人们的阅读习惯布局文字、图片、设置字号、运用效果……让版式看起来比较自然，如图 7-50 所示。

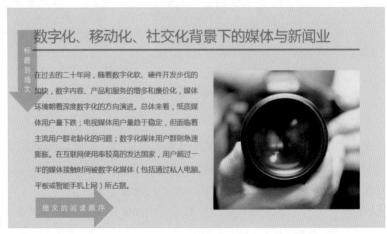

▶ 图 7-50　常规排版示例

　　然而，有时候为了达到某种特殊目的，也可以打破常规阅读习惯的束缚，主动引导观众阅读的视线。如图7-51所示，为了达到中国风的感觉，采用了从右到左、竖排文字的方式。还有在第4章中提到的全图型排版，可以根据图片焦点、人物视线打破常规，灵活排版。

▶ 图7-51　打破常规排版

7.2.2　专业设计必学的4项排版原则

　　关于如何提升设计美感，让设计作品看起来更专业，世界级设计师Robin Williams在《写给大家看的设计书》一书中总结了4项基本原则，即：亲密、对齐、重复和对比。如今，Robin Williams的4项基本原则已成设计界的金科玉律，成为设计学习领域的基础课程。对于PPT排版设计，这4项原则同样适用。

1. 亲密

　　简言之，排版须讲究层次感、节奏感。页面中存在关联或意义接近的内容更靠拢地布局，关联性较小或意义较远的内容稍隔开地布局。如图7-52所示，左侧页面所有内容都聚在一起，没有很好地体现层次关系。按照"亲密"排版原则修改，副标题靠近主标题布局，两个子部分靠近布局，子部分内的子内容又分别与子标题靠近，间距大小上设置一定差距，层次关系一目了然，既便于阅读又有了更好的美感。

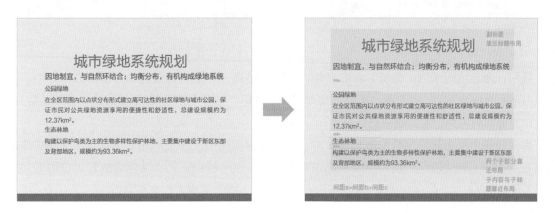

▲ 图7-52　"亲密"排版原则

2. 对齐

简言之，排版须讲究整齐，避免散乱，形成整洁感。首先，页面内各种元素布局整齐。如图7-53所示，左侧页面图片布局较随意，图注文字有的左对齐，有的右对齐，显得有些凌乱。按照"对齐"原则修改，简单调整图片位置使之对齐，统一图注文字对齐方式后，页面视觉效果得到提升。

▲ 图 7-53　整齐排版

其次，元素间间距的统一。如图7-54所示，左侧页面虽然对齐方式一致，但三个子项内容间、三张图片间间距有宽有窄，不甚美观。按照"对齐"原则修改，把子项内容间间距、图片间间距调整一致，页面排版设计更完美。

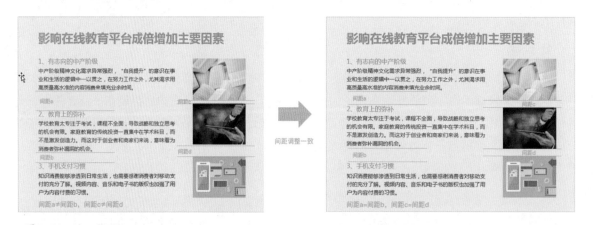

▲ 图 7-54　统一间距

最后，内容边距相同，使视觉重心平衡。如图7-55所示，左侧页面内容过于靠近左上边，使得页面右下部略显空洞，视觉重心偏移，造成了美感缺陷。按照"对齐"原则修改，将边距调整一致，使视觉重心回到中央，视觉感受更舒服。

另外，多个页面采用同样的版面设计时，同类内容在不同页面上的相对位置也要注意"对齐"。如图7-56所示，PPT两个产品介绍页面都采用左图右文结构排版，其文字内容的左对齐边界，统一有序（参考线向左1.2），实现跨页"对齐"，阅读逻辑上、视觉效果上都会更好。

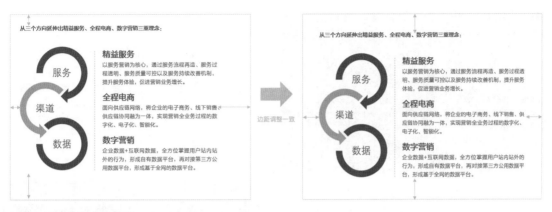

▲ 图7-55 平衡内容边距

▲ 图7-56 跨页"对齐"

3. 重复

针对不同的页面来说，"重复"就是构建包括封面页、目录页、过渡页、内容页、封底页几种不同版式，各过渡页反复采用相同的过渡页版式，各内容页反复采用相同的内容页版式；针对同一页面来说，层次结构中同级别的内容反复采用相同的格式设置，"重复"即排版规则，通过重复形成规范化的视觉效果，带来美感。

"重复"排版原则有利于从设计层面呈现清晰的内容逻辑，让观众可以更好地把握演讲者的逻辑脉络，听清、听懂。如图7-57所示PPT，便包含了完整的封面页、目录页、过渡页、内容页、封底页结构。

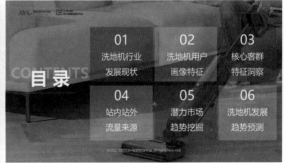

▲ 图7-57 摘自《奥维云网：2022中国洗地机行业与消费者洞察白皮书》

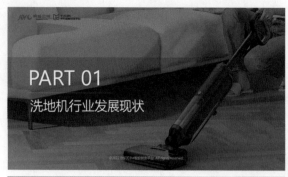
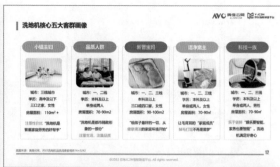

▲ 图7-57 摘自《奥维云网：2022中国洗地机行业与消费者洞察白皮书》（续）

4. 对比

所谓"若无偏见，则一无所见"，一般情况下，页面排版必须找到侧重点，形成设计对比，才能避免视觉上的普通感。如字号大小对比，标题字号比正文字号大，如图7-58所示。

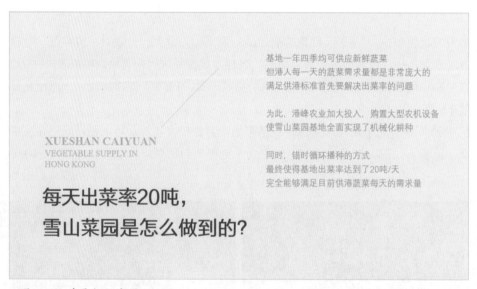

▲ 图7-58 字号大小对比

正文中的重点文字如果通过增大字号来强调，会影响段落间距，此时，更换粗体字，也可实现对比效果，如图7-59所示。

▶图7-59 常规字体和
加粗字体对比

通过对配色色相、饱和度、明度的差异设置也可实现对比。如图7-60所示页面中两部分内容通过采用不同明度的蓝色实现对比。

▶图7-60 不同明度配
色对比

达成"对比"的方式很多，既可从内容角度来考虑，也可设计角度来考虑，可以是文字素材的对比，也可以是其他素材的对比。制造"对比"，并根据实际情况掌控好"对比"强度，可使页面不平淡，视觉效果更美观。

以上便是本书对于设计界的4项原则的解读，当然，原则也是可以被打破的，不是任何时候都要固守这4项原则。只是在打破原则前，自己要清楚为什么打破原则及是否真的有必要打破。

7.2.3 统一排版，幻灯片母版不可少

快速统一整个PPT的风格，实践设计4项原则中的重复原则，最好的方法就是使用幻灯片母版。在幻灯片母版中设定封面、内容、目录页、结尾页的样式，即可实现对整个PPT排版的规划。当幻灯片母版中的版式发生变化时，应用该母版的幻灯片都将随之变化，既可避免重复工作和浪费大量的时间，也可让PPT中的所有幻灯片具有相同的风格或内容。

在幻灯片母版中设计版式的方法与在普通视图中操作幻灯片的方法一样，当一份PPT需要应用多个主题时，或PPT自带的母版版式不能满足需要时，可自行建立母版进行使用，具体操作方法如下。

步骤❶ 切换至"视图"选项卡（见图7-61），选择"幻灯片母版"命令。

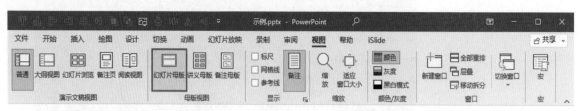

▲ 图7-61 "视图"选项卡

步骤❷ 当前 PPT 切换至幻灯片母版视图，功能区出现"幻灯片母版"选项卡。选择"插入幻灯片母版"命令，可插入一整套新的幻灯片母版；选择"插入版式"命令，则是在当前幻灯片母版中插入一页新的版式。本例以插入一整套母版为例，选择"插入幻灯片母版"命令，如图7-62所示。

步骤❸ 在原来幻灯片母版后面增加了一套母版2，如图7-63所示。

步骤❹ 在母版2中编辑母版，则该母版中的每个版式都会发生相同的改变，编辑母版中

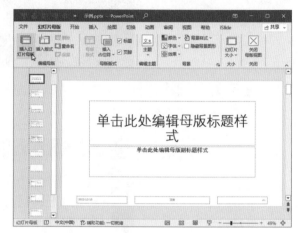

▲ 图7-62 插入幻灯片母板

的各个版式，则应用该版式的相应页面会发生相同的改变。这里以编辑版式为例，在版式中依次编辑出封面、目录页、过渡页、内容页、结尾页5种版式，主要是进行幻灯片背景、相关装饰性设计的编辑。由于各页的内容不相同。因此不建议保留文本、图片占位符等，如图7-64所示。

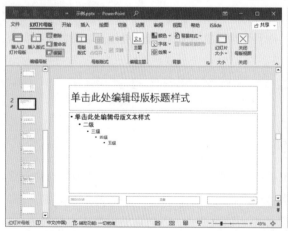

▲ 图7-63 增加母版

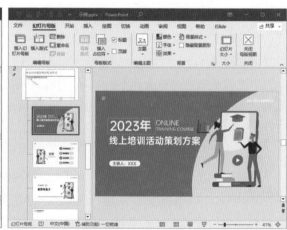

▲ 图7-64 编辑母版样式

步骤❺ 编辑好母版版式后，选择"关闭母版视图"命令，退出母版视图。此时，在"开始"选项卡中选择"版式"下拉列表可以看到增加了刚刚编辑好的"自定义设计方案"，选择其中一种版式，

如"标题幻灯片"，如图 7-65 所示。

步骤 06 该版式被应用到了当前所选幻灯片中，只需要在该版式基础上编辑内容即可，效果如图 7-66 所示。

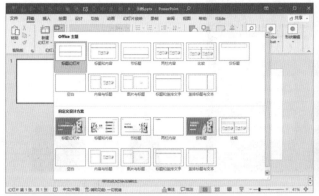

▲图 7-65　选择需要的幻灯片版式　　　　▲图 7-66　幻灯片效果

7.2.4　快速排版之 7 大辅助工具

PPT 软件为排版提供了很多好用的工具，在排版过程中巧用这些辅助工具，能够快速提升排版效率，达到事半功倍的效果。

1. 网格线

优秀的 PPT 少不了对排版的要求，当同一幻灯片中多个对象需要排列在水平或垂直线上时，单靠键盘的方向键或拖动鼠标，并不能完全对齐。为了实现对象的准确对齐，可以使用网格线精准地确定对象的位置。使用网格线对齐对象的具体操作方法如下。

步骤 01 选中"视图"选项卡"显示"组中的"网格线"复选框，幻灯片中显示出网格线。此时，可发现幻灯片中的多个圆角矩形未对齐，如图 7-67 所示。

步骤 02 根据网格线排列所有的圆角矩形使之对齐，效果如图 7-68 所示。

▶图 7-67　显示网格线

另外，我们还可以根据需要对网格线的网格间距进行设置。在"视图"选项卡"显示"组中单击按钮，打开"网格和参考线"对话框，在"网格设置"栏中可对网格间距进行设置，如图7-69所示。

▲ 图7-68　根据网格线对齐排列对象　　　　　　　　　　▲ 图7-69　设置网格线间距

2. 参考线

参考线是用于设计且本身并不存在的辅助线条，放映时不会显示。软件默认不显示参考线，在"视图"选项卡选中"参考线"复选框，或者按【Alt+F9】组合键开启。默认的参考线只有两条，一条横向穿过页面中心，一条纵向穿过页面中心。将鼠标指针放置在幻灯片编辑区外的参考线上，当鼠标指针变成↔或↕形状时，按住【Ctrl】键拖动鼠标，即可增加一条参考线，如图7-70所示。如果将参考线拖出幻灯片编辑区域，也就是拖到灰色区域，即可删除参考线。

▲ 图7-70　添加参考线

另外，将鼠标指针移动到参考线上，当鼠标指针变成↔或↕形状时，右击鼠标，弹出的快捷菜单中提供了多个命令，如图7-71所示，选择不同的命令，可进行对应的操作。

▲ 图7-71　参考线相关命令

使用参考线可以很好地实践设计4原则中的对齐和重复原则，特别是针对跨页的不同对象的对齐，使用参考线操作会方便很多。

大师点拨 　智能参考线是什么？

在PPT中拖动占位符、形状、图片、表格、图表等对象时，都会出现红色的虚线或红色双箭头虚线，这种虚线被称为"智能参考线"，是PPT默认出现的，会自动显示并和与之相关或靠近的对象对齐。如果在"网格和参考线"对话框中的"参考线设置"栏中取消选中"形状对齐时显示智能向导"复选框，那么移动对象时便不会显示智能参考线。

3. 对齐命令

在制作PPT的过程中，经常需要在同一张幻灯片中放置很多图形对象，且需要将这些杂乱排列的图形整齐划一地排列，此时便可使用对齐按钮快速实现。PPT中对齐命令提供了如图7-72所示的对齐功能。选中单个对象可实现单个对象在整个幻灯片页面内的对齐；选中多个对象，则可实现多个对象之间的相互对齐与间距调整。

在使用对齐命令对图形对象进行对齐排列时，有时要执行多次对齐操作，才能让选择的多个图形对象按照一定规则进行排列。例如，要将幻灯片中的4个图形对象排列在一条线上，并垂直排列于幻灯片中，就需要执行两次对齐操作，具体操作方法如下。

▲ 图7-72　对齐功能

步骤01 选择幻灯片中的4个图形对象，选择"排列"组中的"对齐"命令，在打开的下拉列表中选择"横向分布"命令，如图7-73所示。

▲ 图7-73 "横向分布"操作

步骤 **02** 选择的4个图形将横向分布于整个幻灯片页面中，幻灯片左右预留的空白区域将完全一样，并且各图形之间的间距也将保持一致。此时只需要将4个图形对齐于一条直线上即可。由于PPT默认是对齐幻灯片，因此执行对齐操作后，将以幻灯片页面作为参考对象。而要让4个图形对象对齐于图形，则需要在"对齐"下拉列表中先选择"对齐所选对象"命令，再选择"顶端对齐"命令，如图7-74所示。

▲ 图7-74 "顶端对齐"操作

步骤 **03** 这样就可以将所选对象中某一对象的顶端为参考进行对齐，效果如图7-75所示。

▲图7-75 对齐效果

除此之外，还可按照第1章中介绍的方法将几个对齐命令都放置在快速访问工具栏中，这样执行对齐操作时会更方便。

4. 组合

组合是指将若干个元素暂时结合成一体来处理，从而更方便对不同类型、不同级别的内容进行成组排版。

另外，当我们需要对页面进行除二等分之外的等分操作时，通过标尺计算的方法比较麻烦，而利用组合矩形的方法实现对页面的等分就比较方便了。例如，将页面进行三等分的具体操作步骤如下。

步骤**01** 在页面中插入3个同等大小的矩形，并将其填充为不同的颜色，然后以边界相接的方式将它们放置成一排。选择3个矩形，右击鼠标，在弹出的快捷菜单中选择"组合""→"组合"命令，如图7-76所示。

步骤**02** 将3个矩形组合为一个形状后，选择该形状并调整形状大小，使组合对称拉伸至刚好抵达页面边界，这样整个页面就被3个矩形轻松地划分成了三等份，如图7-77所示。五等分、六等分等其他等分也可以同理实现。

▲图7-76 组合对象

▲图7-77 划分页面

5. 层次

层次是指各对象之间的叠放顺序，也就是前后排列顺序。

在 PPT 中，当需要将多个对象重叠放在一起时，不同的叠放顺序会带来不同的展示效果。例如，对幻灯片中各对象的叠放顺序进行调整，使幻灯片整体效果更加美观。具体操作方法如下。

步骤01 在幻灯片中选择图片，右击鼠标，在弹出的快捷菜单中选择"置于底层"命令，如图 7-78 所示，图片将置于所有对象最下方。

步骤02 选择右侧红色的矩形，右击鼠标，在弹出的快捷菜单中选择"置于底层"→"下移一层"命令，如图 7-79 所示。红色矩形将向下移动一层，也就是位于文字下方，从而显示出文字内容。

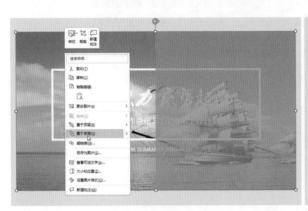 

▲ 图 7-78 执行置于底层操作   ▲ 图 7-79 选择下移一层

步骤03 使用相同的方法将蓝色矩形框移动到文字下方，效果如图 7-80 所示。

▲ 图 7-80 最终效果

6. "选择"窗格

和 Photoshop 类似，幻灯片页面中的所有内容都是以图层的方式置于页面上的。PPT 中的"选择"窗格相当于 Photoshop 中的图层面板，选择"开始"→"选择"→"选择窗格"命令（或按【Alt+F10】组合键）即可打开"选择"窗格。在"选择"窗格中可以看到当前页面中所有对象的图层状态，显示在最上面的对象即位于最顶层，显示在最下面的对象即位于最底层，如图 7-81 所示。

▶图7-81 在"选择"窗格中查看对象的叠放顺序

拖动窗格列表中的项（或单击按钮）可以改变该项对应的图层所在的层级位置，向上为上移，向下为下移。单击对象后面的 ⌒ 按钮可以隐藏（放映时也看不到，但并非删除）或显示该对象。双击图层可对该图层进行重命名。图7-82所示为重命名对象并隐藏"picture 2"后的效果。

▶图7-82 隐藏对象

当一个幻灯片页面中有大量对象叠放在一起时，可通过隐藏当前层之外的所有层，一层一层处理，在添加自定义动画时尤为方便。

7. 格式刷

利用格式刷（见图7-83）可将PPT中不同的文字、图片、形状等对象的格式快速统一。对于加快排版速度，实践设计4项原则中的重复原则非常有帮助。

使用时，单击一次格式刷，可复制、粘贴一次格式；双击格式刷，可复制、粘贴无限次格式，直至按【Esc】键取消。

▲图7-83 对齐功能

7.2.5 值得学习借鉴的PPT排版灵感

适当掌握一些经典的排版方式，既能提高PPT制作效率又有助于培养美感。本节整理了封面页、目录页、过渡页、内容页、封底页、产品展示、团队展示、时间线等常用页面的排版设计灵感，供读者参考。

1. 封面页排版灵感

封面是观众首先看到的一页，其精美程度直接关系到观众对整个PPT的第一印象。因而，要想建立良好的第一印象，让观众对接下来的内容有所期待，PPT封面页的设计就不可随意。

内容居中型排版：封面页信息相对较少，内容居中对齐排版，简单易实施，如图7-84所示，这种排版方式简单、直接，虽然算不上出彩，但对排版能力的要求不高，不易出问题。如封面页有主题或富有表现力的词句，采用书法字体排版效果更佳，如图7-85所示。

▲ 图7-84 内容居中排版 　　　　　　　　▲ 图7-85 书法字体的居中排版

内容居左型排版：符合从左到右的常规阅读习惯，方案、总结类PPT封面常选择这种排版方式，如图7-86所示。

内容居右型排版：页面背景素材主要图形靠左时，可采用该版式来进行对应设计。不拘于常规阅读习惯，能在一定程度上给人以耳目一新的感觉，如图7-87所示。

▲ 图7-86 内容居左排版 　　　　　　　　▲ 图7-87 内容居右排版

非全屏型排版：前述三种封面类型均基于全屏型版式设计，当图片素材不适合全屏型设计时，竖式图可采用左右型构图版式，标题文字放置于左侧排版，如图7-88所示；横式图可采用上下型构图版式，标题文字下沉到页面下方左右排版，如图7-89所示。

▲ 图7-88 非全屏型左右排版 　　　　　　▲ 图7-89 非全屏型上下排版

2. 目录页排版灵感

一般内容较多的PPT，有必要在封面页之后设置目录页，以便在讲主要内容前，让观众对整个PPT的内容框架结构有一个大概的认识。目录页最常规的排版设计方式是参考书籍目录，罗列清楚内容条目（主要展示框架结构，一般无需标注对应页码），如图7-90、图7-91所示。

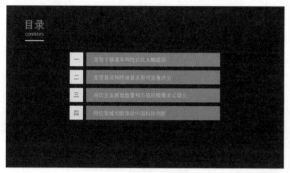

▲ 图7-90　书籍式排版目录页示例1　　　　▲ 图7-91　书籍式排版目录页示例2

此外，基于封面的风格特点，可进行含图片素材的目录设计，如图7-92所示页面，左图、右目录版式，以及图7-93所示页面，图片作为目录背景的版式。

▲ 图7-92　左图右目录排版　　　　▲ 图7-93　图片作为目录背景排版

如果目录项较少、文字内容也较少，还可基于整个PPT风格特点，融合色块、图标，进行扁平化的目录风格设计，如图7-94、图7-95所示。

▲ 图7-94　扁平化目录排版示例1　　　　▲ 图7-95　扁平化目录排版示例2

3. 过渡页排版灵感

按照内容的逻辑，PPT往往要分成若干个部分来讲述，所谓过渡页，即其中某一个部分的标题页，即二级标题页。过渡页的排版应尽可能基于整个PPT的风格统一设计，如图7-96所示。

▲ 图7-96　统一风格的过渡页设计

过渡页也可直接基于目录页进行"改造"设计，如图7-97所示，过渡页保留目录页的基础设计（背景），放大其中的目录项，这种过渡页设计方式相对简单易做，效果也不差。

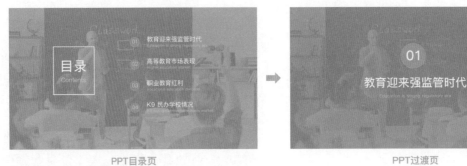

▲ 图7-97　由目录页转化设计的过渡页示例1

如图7-98所示过渡页，则仍保留整个目录框架，但在目录项中放大了当前项，对非当前项进行暗化处理。这种过渡页设计能让观众在每一个部分的开头都对整个PPT内容有个全局性的回顾。

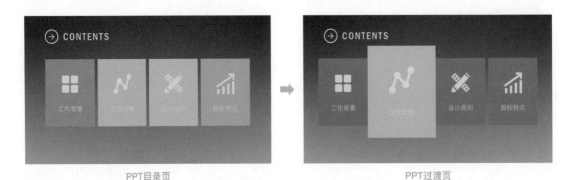

▲ 图7-98　由目录页转化设计的过渡页示例2

效果类似的还有参照网页、UI界面而设计的导航栏、菜单型目录，如图7-99所示。

此外，目录页、过渡页上的项目编号，不拘于1、2、3……或A、B、C……这样的常规序列，根据PPT的风格，还可选择罗马数字序列（Ⅰ、Ⅱ、Ⅲ……）、大写中文数字序列（壹、贰、叁……）等其他序列，如图7-100所示。

▲ 图7-99 参考网页设计过渡页　　　　▲ 图7-100 非常规编号的过渡页

4. 内容页排版灵感

内容页的排版设计应根据页面上的具体内容和元素灵活应变，没有一定之规。一般而言，内容页图文混排主要有以下一些经典版式。

基于阅读习惯：按照先上后下，先左后右的常规阅读习惯对内容进行排版，标题置于最上方，正文部分根据你希望图文被阅读的先后顺序，采用左文右图或右文左图方式布局，如图7-101所示。

左右结构：文字内容占据页面左右的其中一侧，配图占据另一侧，适合高质量、竖式图片素材排版，如图7-102所示。

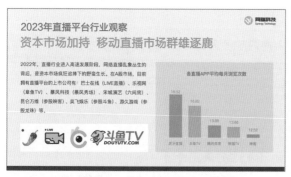

▲ 图7-101 基于阅读习惯的常规内容页排版　　　　▲ 图7-102 左右结构内容页排版

多等分结构：页面有多个并列内容时可采用该结构，如图7-103所示三等分结构内容页面。标准16:9的页面，建议不超过四等分。

全图型：图片素材质量较高的情况下，可采用全图型排版，如图7-104所示。另外，内容页较多时，全部采用同样的版式排版设计，容易让观众产生千篇一律的负面情绪，继而丧失阅读兴趣。在适当位置插入若干全图型版式页面，可打破内容版式过于统一的乏味感。

▲图 7-103　三等分结构内容页排版

▲图 7-104　全图型内容页排版

基于图示： 当页面中有图示（图表、SmartArt 图形等）时，则根据图示特征来确定内容排版方式，排版设计尽量确保图示的呈现效果，如图 7-105 所示。

▲图 7-105　基于图示排版内容页

5. 封底页排版灵感

封底页主要配合演讲者的结束语而设计，页面上的内容多为礼貌性的感谢用语。设计简单一些，直接在页面上写上"谢谢观看""Thanks"之类的文字即可，如图 7-106 所示。当然，也可在封底页上公开联系方式（电话、邮箱、微信二维码等），方便观众后续联系，如图 7-107 所示。

▲图 7-106　简单的封底页排版示例 1

▲图 7-107　简单的封底页排版示例 2

更复杂一些，可在封底页上添加地图，更直观呈现公司或单位的地理位置，如图 7-108 所示。还可在封底页上添加世界地图或中国地图，呈现公司的城市发展计划或已落地城市等，展现公司实力同时，让封底页设计更显大气，如图 7-109 所示。

▲ 图 7-108　添加地理位置信息的封底页　　　▲ 图 7-109　添加发展布局信息的封底页

　　另外，基于封面页版式进行修改制作，也是封底页设计排版简单有效的一种方式，如图 7-110 所示。

▲ 图 7-110　由封面页转化设计的封底页

6. 产品展示页排版灵感

　　在一些企业或品牌介绍 PPT、商业计划书 PPT 中，常常会涉及产品展示的内容。在 PPT 中，如何制作设计感更强的产品展示页面呢？

　　营造空间感：通过设置阴影、三维旋转等效果，让产品图片立体化；同时，添加矩形形状，将页面背景设置为明度接近的双色拼接样式，这样，就简单营造出了一个富有空间感的页面，产品展示生动而有高级感，如图 7-111 所示。

▲ 图 7-111　营造空间产品展示页设计示例 1

　　此外，还可直接在网上搜索一些优质的空间感图片素材，应用到 PPT 当中作为背景，辅助产品展示，实现更丰富、更真实的空间感，如图 7-112 所示。

　　借助样机展示：网站、软件类产品展示，可添加样机，将产品界面还原到设备当中展示，效果也很不错，如图 7-113 所示。

▲图7-112 营造空间产品展示页设计示例2

▲图7-113 借助样机设计产品展示页

7.团队展示页排版灵感

团队成员展示也是很多企业或品牌展示PPT、商业计划书PPT都会涉及的一种内容类型，提升这类页面的设计感有如下一些思路。

多彩化： 多彩的设计，更能展现团队群英荟萃、思想活跃的状态和精神面貌。无团队成员图片时，添加一些色块辅助，也可避免页面过于平淡，提升设计感，如图7-114所示。

头像化： 很多时候，团队成员照片素材比例不一、背景不同，直接插入页面，配文排版效果并不会太好。在这种情况下，可将照片裁剪为矩形、圆形等规则形状，使图片具有相同的轮廓外观，如同社交媒体中的头像，再进行配文排版，视觉效果会更好，如图7-115、图7-116所示。

抠图排版： 对团队成员照片进行抠图处理，可让照片与某个形状融合得更巧妙，制作更有设计感的团队展示页面，如图7-117所示。

▲图7-114 添加多种色彩进行团队展示页设计

▲图7-115 添加人物头像进行团队展示页设计示例1

▲图7-116 添加人物头像进行团队展示页设计示例2

▲图7-117 人像抠图后结合形状设计团队展示页面

8. "时间线"页排版灵感

当我们需要在PPT中展示发展历程、发展计划等内容时，设计"时间线"版式，比纯文字描述更清晰、直观。虽然借助SmartArt图形中的"流程"类图形（见图7-118），可以快速完成"时间线"版式，但其视觉效果稍显普通。

如需更有设计感、更不一样的"时间线"版式，可在页面中自行设计制作。以下介绍三种常用的设计感"时间线"版式。

蜿蜒时间线： 在页面中添加一些直线、弧线，根据需要进行连接、组合，使线条蜿蜒覆盖整个PPT页面，再添加一些圆形作为时间节点，如图7-119所示。最后再配上文字，一个时间线页面就做好了，如图7-120所示。这种"时间线"版式适合节点较多的展示PPT。

横向时间线： 时间线在页面中从左到右横向布局（位于上、下方均可），各节点内容从左到右依次展开，适合发展计划类、工作排期类内容使用，如图7-121所示。

纵向时间线： 时间线在页面中从上到下纵向布局，各节点内容从上到下依次展开，配图排版更方便，非常适合结合"推入"切换动画跨页展示发展历程、大事件，如图7-122所示。

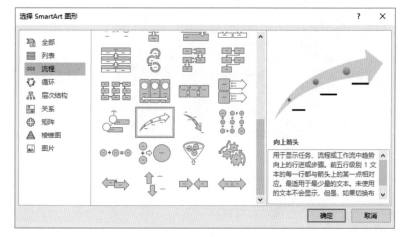

▲ 图7-118 SmartArt图形中类似时间线的图形

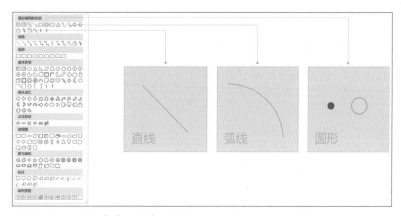

▲ 图7-119 添加直线、弧线、圆形

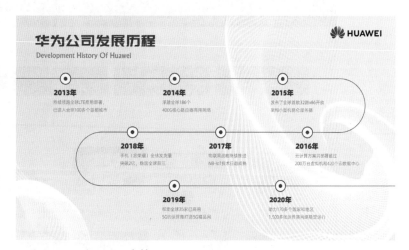

▲ 图7-120 蜿蜒时间线排版示例

▲ 图 7-121　横向时间线排版示例

▲ 图 7-122　纵向时间线排版示例

7.3　关于模板

对于 PPT，很多朋友更在意幻灯片中的内容，而不太愿意在排版、设计上花费太多时间。因而，他们习惯从网上下载模板直接使用。在时间紧，来不及做设计美化的情况下，直接使用模板确实是不错的选择。

7.3.1　在哪里可以找到精品模板？

网上的模板质量参差不齐，在哪些网站可以找到质量高一点的模板呢？下面推荐 3 个不错的网站。

1. pptfans

网址：www.pptfans.cn。

集 PPT 教程学习、素材和模板下载等于一体的网站。在其首页向下滚屏，可以看到一个免费模板栏目，其中的模板质量相对较高，只是缺少分类，想找特定风格模板会麻烦些。如图 7-123 所示。

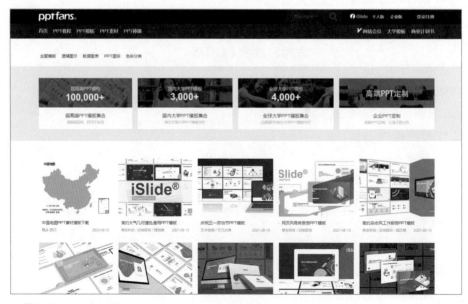

▲ 图 7-123　pptfans 网

2. 优品PPT

网址：www.ypppt.com。

一个专注于分享高质量免费PPT模板的网站，支持按类型、主题颜色筛选查找，找模板更方便。此外，网站还收集了图表、背景图片、字体等很多常用的素材资源，可以解决PPT制作过程中的很多素材需求问题，对快速完成PPT很有帮助。如图7-124所示。

▲ 图7-124　优品PPT网

3. 微软官方模板库（OfficePLUS）

网址：officeplus.cn。

PowerPoint的开发公司官方出品的模板库，模板数量不算多，质量较高，适配性强，支持多种用途、风格分类筛选查找。如图7-125所示。

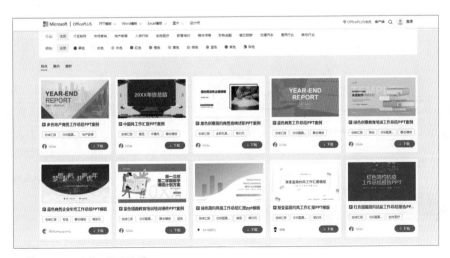

▲ 图7-125　OfficePLUS网

7.3.2 模板怎样才能用得更好？

从网上下载的模板大多不能原封不动地直接使用，即使不想花太多时间，也免不了要对模板进行删减、修改。

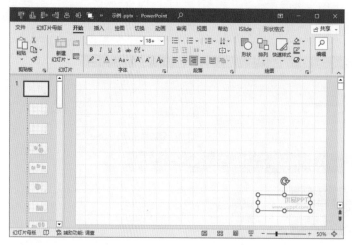

▲图 7-126 母版中的水印

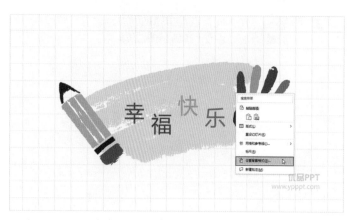

▲图 7-127 "设置背景格式"命令

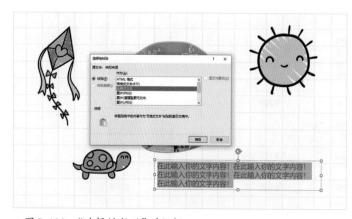

▲图 7-128 "选择性粘贴"对话框

1. 删除模板水印

很多模板都带有出品机构或个人的 LOGO、名称、网址、二维码等水印，若不将其删除就直接套用，会给人一种抄袭、劣质的感觉。有时候水印在每页上都有，无法直接删除，很可能因为水印是添加在母版上的，需要切换到母版视图下，在母版中删除，如图 7-126 所示。

若母版中没有这些对象，则说明这些对象已被拼合在幻灯片背景图片上。若背景本身比较复杂（底纹或图片等），那么很可能无法去除，只能换掉幻灯片背景。如果背景比较简单（纯粹的色彩或渐变色彩等），就可以将背景保存为图片，如图 7-127 所示。使用 Photoshop 等图片处理软件把 LOGO、名称、网址、二维码等去掉，再将图片重新设为背景。

2. 以替换的方式插入

为了加快套用模板的速度，也为了使模板所设定的设计风格能够在套用时被完整保留，最好以替换的方式插入相关内容。比如，先将文字内容复制到剪贴板，再以选择性粘贴为"无格式文本"的方式将其插入模板给定的文本框中，这样即可将文本框设定的字体、颜色、字号等格式保留，如图 7-128 所示。

图片则以"更改图片"的方式插入，确保模板设定的图片大小、位置不发生大的变动，如图 7-129 所示。

同理，如果要换掉模板中的某个形状，则以"更改形状"的方式进行替换，如图7-130所示。

▲ 图7-129 "更改图片"命令

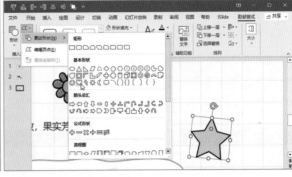

▲ 图7-130 更改形状

神器8：配色好工具——Colorschemer Studio

在PPT配色相关内容的讲解中，作者介绍了一些专业、好用的在线配色工具网站，而在无网络环境下，则可借助电脑中提前安装好的Colorschemer Studio软件来解决配色问题。比如，根据某一种主题色，建立配色方案，只需在左侧"基本颜色"窗格中输入主题色的RGB、HSB或HTML色值，在窗口右侧的"实时方案"选项卡下将自动生成一系列的配色方案供你选择。

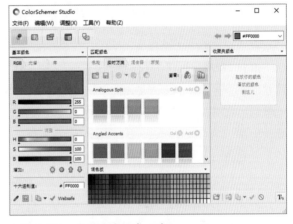

▲ 图7-131 自动生成配色方案

若无明确的主题色，可单击软件左下方的 图 按钮，获得随机的专业配色方案。

单击软件上方的图库浏览器按钮 ，切换到印象配色模式，在搜索框中输入配色关键词（英文），即可获得相应的一些配色方案，如图7-132所示。不过，印象配色要求计算机连接网络。

单击软件上方的图像方案按钮 ，切换到图片配色模式，打开一张图片，软件将根据该图片自动提供配色方案，如图7-133所示。

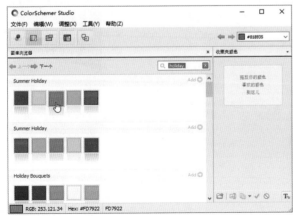

▲ 图7-132 输入关键字获取配色

▲ 图7-133 获取图片中的配色方案

神器9：排版设计好工具——iSlide插件

　　iSlide是一款为PPT设计而生的强大辅助插件，对PowerPoint的原有功能进行了极大丰富和人性化地补充，插件制作精良、稳定可靠，强烈推荐读者朋友们安装。

　　通过iSlide官网（www.islide.cc）下载插件并安装后，在PowerPoint软件窗口上方就将增加一个新的功能选项卡"iSlide"，如图7-134所示。在这个选项卡下，包含了"设计""资源""动画""工具"等几个功能组及相应的工具，如同PowerPoint原生，使用起来非常方便。

▲ 图 7-134　iSlide 选项卡

　　iSlide插件对PPT排版设计有很多方面帮助，下面具体介绍几个。

1. 快速统一设计

　　iSlide插件提供了"一键优化"设计功能，让我们可以更方便、快捷地统一当前PPT的字体、段落格式、配色等，特别是在PPT页面非常多的情况下，使用iSlide插件"一键优化"的优势尤为明显，能够极大提升制作PPT的效率。例如，当我们需要统一某份PPT的字体和段落格式时，可按如下步骤操作。

　　在PPT"iSlide"选项卡下，依次单击"一键优化""统一字体"，在"统一字体"对话框中分别设定好中文字体、英文字体，随后单击"应用"按钮，便将整份PPT的中、英文字体按该设定进行了统一，如图7-135所示。同理，在"统一段落"对话框中，设定好"行距""段前间距""段后间距"等参数，便可快速统一整份PPT的段落行间距格式。

▲ 图 7-135　统一字体

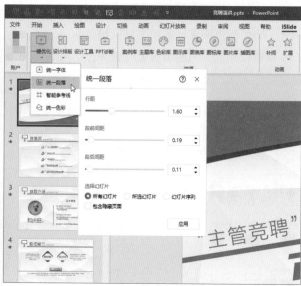

▲ 图 7-136　统一段落格式

2. 快速布局

利用iSlide插件还能快速完成一些手动操作很难完成的布局排版形式，比如环形布局，将选中的对象复制指定的个数并按圆形排列，对于这种要求，使用PPT本身功能很难做到，而使用iSlide插件来制作就非常简单。以布局12个五角星为例，选中五角星，然后单击"iSlide"选项卡下"设计排版"按钮，在下拉菜单中选择"环形布局"命令，打开"环形布局"对话框；在对话框中，输入需要布局的五角星的数量为12，再根据需要调整布局半径等参数，单击"应用"按钮，即完成了12个五角星的环形布局，如图7-137所示。

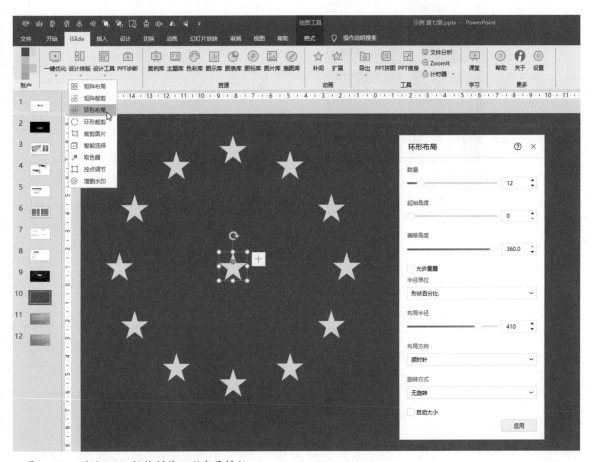

▲ 图7-137 利用iSlide插件制作环形布局排版

3. 丰富的设计资源库

iSlide插件还提供了丰富的设计资源，如图片、图标、图表、图示素材，案例模板等，可按分类查询，可用关键词搜索，素材质量都非常高。找到素材后，单击即可插入PPT中使用，能够极大提升我们找素材的效率，同时让你的PPT制作得更美观，如图7-138和图7-139所示。

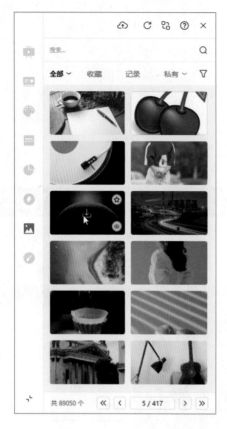

▲ 图 7-138　iSlide 图片库　　　　　　　　▲ 图 7-139　iSlide 图示库

　　此外，iSlide 插件还有"增删水印""环形裁剪""补间动画"及"拼合导出"等众多实用的功能，使用起来并不复杂，这里就不再一一介绍了，读者朋友们可以自行下载、安装，试用感受。

中篇 技术——手段硬效率高

Chapter

08

找一个舒服的
"姿势"分享PPT

如何找到演讲的最佳状态，
更成功地将PPT中的内容分享给
观众？
如何解决保存PPT时遇到的各种
问题，
以恰当的格式发送、分享给他人？
PPT，为分享而生，
你需要学会找一个舒服的"姿势"。

8.1 鲜花与掌声只属于有准备的人

演讲，是一门很有技术含量的学问。无论是在会议室还是在大场馆，如果你认为自己不是演讲天才，如果你没有演讲天赋，却渴望在舞台上收获鲜花与掌声，那么除了做一份高水平的 PPT 外，还有很多方面需要准备。

8.1.1 对于 PPT 演讲，你是否也有"不健康"心理？

有些人一发言就紧张，有些人一上台脑子就一片空白，有些人畏惧演讲，有些人觉得自己天生不适合演讲……关于演讲的很多问题其实都是心态问题。准备一场成功的演讲，你可能需要克服下面这些"不健康"的心理。

1. 把观众当傻子

症状：太多老生常谈的废话；花费大量的时间，引经据典地解释某些十分简单的概念，使演讲乏味无聊。

药方：大家都是聪明人，不是所有的事情都需要说三遍。演讲时少说一点废话，要让观众觉得有看头、有听头。

2. 模仿大师演讲

症状：总想着复制演讲大师的技巧，在演讲时刻意模仿他们的手势、他们的幽默方式等，事实却是徒有其表，给人的感觉是生硬、呆板。

药方：勇敢做自己。真诚看似廉价，却最能打动人。以自己的真性情应对一场重要的演讲也未尝不可，毕竟大师之路不可复制。专注于演讲内容本身，以自己的方式去准备，也许更有说服力。

3. 想要快点结束

症状：因为紧张、胆怯，潜意识里想快点结束，导致语速过快，原计划二十分钟的内容，七八分钟就说完了。

药方：慢一点，观众一边听讲，一边看 PPT 页面，需要一些反应时间。语速慢一点，甚至在中间做些停顿，既留点时间给观众，也留点时间给自己。

4. 自说自话

症状：双眼盯着屏幕或投影，嘴上念着幻灯片上的内容，从来不看观众。

药方：眼神也能交流，让观众觉得你是在跟他们对话，即便他们没有说话。观众的好恶写在脸上，看看他们，猜一猜他们对你演讲的评价如何。

5. 为大声而大声

症状：遵从很多演讲技巧书中都有的建议，为让观众听见你的声音，刻意把嗓门提高。但由于掌握不好这个度，变得像是在歇斯底里地吼叫。

药方：正常的、自然的音量就好，哪怕声音稍微有点小。有些人天生嗓音不大，如果刻意提高音量，就很容易变成吼叫，再好的内容也像是虚无缥缈的空口号，这样给人的感觉更不好。

8.1.2 多几次正式排练

按照播放方式划分，PPT 可分为展台类 PPT 和演讲类 PPT 两种。展台类 PPT 一般是将 PPT 导出为视频或使用排练计时自动播放；而演讲类 PPT 则需要演讲人进行专门的演讲，真正需要的是排练，即模拟演讲时的情境与心境，事先练习演讲内容。一场成功的演讲来自充分的准备，而正式的排练就是最好的准备方式。怎样才算正式的、有效果的排练呢？

1. 有观众在场

让你的朋友、同事、家人临时充当观众。如果可以，观众越多越好。只有尽量模拟真实的情境，才能真正达到状态的预演。在排练时，让观众给你提提意见，从他们的视角评价你演讲的表现及 PPT 的内容。虽然他们也许并不了解你所讲的内容，但未必不能提出有参考价值的建议。

2. 真正开口讲

很多人排练演讲时喜欢默排，即只在心里串词、回忆演讲词等，并不说出来。很多东西心里知道是一回事，讲出来又是另一回事，心里觉得简单的内容，讲出来可能就会有问题。所以，真正有效果的排练，非动口讲出来不可。

3. 从头到尾

从头到尾讲完整个 PPT 中的内容，细化到每一页、每一个点的讲法，充分考虑开场、收尾、页与页之间衔接的串词。

4. 录像或录音

排练时录像或录音，讲完后看看录像、听听录音，自己找问题、做调整。无论是对这一场演讲还是对以后的演讲都有好处。

5. 多排几遍

如果时间允许（一般重要的演讲都会给演讲人充分的准备时间），应尽量多排练几次，反复练习，反复回顾，直至克服所有问题为止。

台上一分钟，台下十年功。包括罗振宇在内的很多演讲大师在演讲前都会进行排练，只不过我们看到的常常是他们舞台上的成功，看不到他们背后更多扎实的准备。所以，即便你真的很有演讲天赋，即便你对自己临场发挥的能力很有信心，即便你自认为对 PPT 的内容已经很熟悉，也不要忽略了排练这个环节，而要以更郑重的态度认真对待。

8.1.3 为免忘词，不妨先备好提词

在 PowerPoint 2021 的演示者视图下，投在观众面前的是当前页面的内容，而演讲者从自己的计算机屏幕上既能看到当前页面内容，也能预先看到下一页幻灯片的内容，还可以看到当前页面的备注内容，如图 8-1 所示。

▲ 图 8-1　演示者视图

　　演讲型PPT 要求页面内容简洁，因为很多内容可能需要通过口头表达。如果你担心演讲时出现紧张忘词、遗漏要点等问题，可在备注视图中或普通视图的备注区添加备注内容，如图 8-2 所示。就像录制电视节目时的提词器一样，演讲时开启演示者视图便可看到事先准备好的"提示词"。

　　那么，应该如何开启演示者视图呢？正确的操作方法如下。

步骤❶ 将计算机接上投影仪，打开 PPT 文件，按【F5】键进入放映状态。

步骤❷ 按 Windows 徽标键 +【P】键，打开投影方式选择窗口，并选择"扩展"方式（"扩展"方式允许电脑屏幕和投影显示不同内容；"复制"方式是指电脑屏幕和投影显示相同内容；"仅电脑屏幕"方式是只在计算机上显示内容；"仅投影仪"是只在投影仪上显示内容），如图 8-3 所示。

步骤❸ 右击页面，选择"显示演示者视图"命令。

▲ 图 8-2　添加备注信息

▲ 图 8-3　选择投影方式

8.1.4 演讲的5种开场方式

演讲开场说什么？如何开场才显得自然、不生硬？用华丽的开场实现完美的亮相，你的演讲就已成功一半。在演讲中，优秀的演讲者们使用的开场方式通常有如下5种。

1. 从任务、现状谈起

在商务提报中，站在客户或公司领导的角度，开门见山直接谈现状、阶段性的任务，舍弃各种浮夸的渲染、铺垫，能够给人以干练、实在的感觉。接下来还可以很自然地过渡到对问题的分析、对策和建议上来，如图8-4所示。

2. 从题外话、引用内容谈起

为增强演讲的吸引力，让整个演讲更为丰富，有时可以宕开一笔，以一些看似不着边际，实际上又与核心论点存在某种关系的题外话或引用某个名人的名言等方式开场，先把气氛渲染起来，再逐步切入主要内容。这种开场方式柔和、自然，能够制造期待，调动观众的积极性，有助于核心观点的表达，如图8-5所示。

▲ 图8-4　PPT演讲开场示例1　　　　　▲ 图8-5　PPT演讲开场示例2

3. 从一个问题谈起

在演讲开始时抛出一个问题，可以将观众的思维和注意力瞬间带入你所设定的情境中。当然，问题一定要设置得当，还需要有一定的趣味性，如图8-6所示。

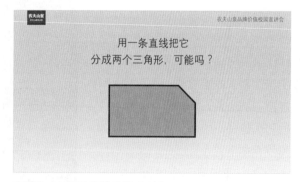

4. 从一个故事谈起

优秀的演讲者一般都擅长讲故事。在讲正式内容前先讲述一个故事，这也是优秀的演讲者惯用的方式。这个故事既可以是演讲者自己经历的

▲ 图8-6　PPT演讲开场示例3

事，也可以是演讲者视角下别人的事，越真实越能打动人心。当然，即便是大家知道的书本上的故事，讲的时候带上自己的解读，也能打动人，如图8-7所示。

5. 从结论谈起

如果你整个演讲的核心观点足够独特、惊艳、新颖，那么直接在演讲开始时就将结论抛出来，然后再讲解整个推导过程也未尝不可。在这种情况下，PPT 的标题大可不必写成诸如"关于××的方案""××项目策略提报"这样常规的样式，可以直接用观点作为主标题，如"七月营销，唯快不破"，原来的常规标题则作为副标题，如图 8-8 所示的"来'电'了——娃娃哈电商平台拓展计划"。这样在开场时可借题发挥，把标题解释作为开场白，可让开场更自然。

▲ 图 8-7　PPT演讲开场示例 4

▲ 图 8-8　PPT演讲开场示例 5

8.2　高手都这样保存和分享 PPT

对于制作好的PPT，一般都需要分享出去，那么应该如何保存和分享PPT 呢？

8.2.1　加密保存，提高PPT的安全性

制作一份满意的PPT作品，需耗费大量的时间和精力，作者肯定不希望自己辛辛苦苦制作的PPT作品被他人盗用。但在使用PPT时，往往需要将其复制到其他地方。为了提高PPT的安全性，可以为PPT加密，防止他人随意查看、修改你的PPT作品。为PPT加密的具体操作步骤如下。

步骤01 打开需要加密的PPT文件，打开"文件"菜单，在界面左侧选择"信息"命令，在右侧选择"保护演示文稿"→"用密码进行加密"

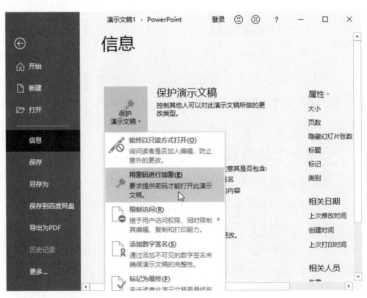

▲ 图 8-9　选择"用密码进行加密"

命令，如图8-9所示。

步骤02 打开"加密文档"对话框，输入保护密码，单击"确定"按钮，打开"确认密码"对话框，再次输入保护密码，单击"确定"按钮即可为演示文稿添加保护密码，如图8-10所示。

步骤03 经过上述操作后，重新打开这份PPT文件时会被要求输入密码，如图8-11所示。只有输入正确的密码，才能将其打开。

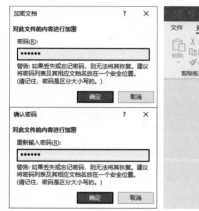

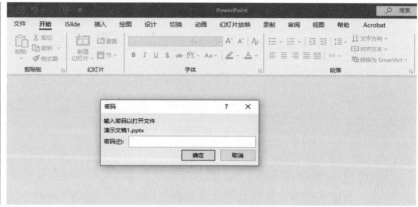

▲ 图8-10　设置保护密码　　▲ 图8-11　要求输入密码

大师点拨 ▷ 怎样取消PPT文件的密码？

要取消PPT文件的密码，只需再次选择"保护演示文稿"→"用密码进行加密"命令，将"加密文档"对话框中输入的密码删除，然后重新保存即可。

使用这种加密方式，他人没有密码时既不能修改文档，也看不到文档的内容。若允许他人查看文档内容，只是限制他人修改，则可按如下操作步骤进行加密。

步骤01 按【Ctrl+Shift+S】组合键，打开"另存为"对话框，然后选择"工具"→"常规选项"选项，如图8-12所示。

步骤02 在打开的"常规选项"对话框中的"修改权限密码"文本框中输入修改文件时需要提供的密码（"打开权限密码"文本框中不输入任何字符，即打开时不需要密码），单击"确定"按钮，再在弹出的"确认密码"对话框中输入修改权限密码，单击"确定"按钮进行保存即可，如图8-13所示。

大师点拨 ▷ 不添加密码，如何防止他人修改PPT内容？

除了添加密码外，还可将PPT文件另存为PDF文件以防止他人修改PPT的内容。另外，在PPT另存的文件类型中有一种"PowerPoint图片演示文稿"类型，将PPT文件另存为这种类型文件后，原PPT文件中的每一页都将拼合成图片，不再保留层级、组合等，这样也能达到防止他人修改内容的目的。

▲ 图 8-12　选择"常规选项"

▲ 图 8-13　设置修改权限密码

8.2.2　打包PPT，没有安装Office也能放映

在没有安装Office程序或没有幻灯片中特殊字体、音乐、视频等对象的计算机上，是不能正常播放PPT 的。为了在更换计算机后也能正常播放PPT，可以在导出PPT 时，将PPT打包成CD，再使用小巧的PowerPoint Viewer（比Office 软件安装包小很多）软件就能播放PPT 了。

导出PPT 时，选择"将演示文稿打包成 CD"选项，单击"打包成 CD"按钮，打开"打包成 CD"对话框，如图8-14所示。

▲ 图 8-14　打包成CD

单击"复制到文件夹"按钮，可将PPT 文档存储为一个文件夹。这个文件夹中包含PPT 文件及以链接方式插入PPT中的相关文件，如Excel 文档、Word 文档、背景音乐、视频等，能够免去在硬盘中一一找出这些文件的麻烦。

单击"复制到CD"按钮，可使用刻录光驱将PPT 文件夹刻录到光盘中，在没有安装Office软件的计算机上也能播放PPT。不过，仍然要求计算机中安装有"PowerPoint Viewer"软件。因此，在刻录CD 时可将PowerPoint Viewer 软件一并刻录在CD 中，在用CD播放PPT文件前，先安装PowerPoint View，即可真正实现无Office软件播放PPT 了。

8.3 把好的 PPT 放映好，才是真的好

作为演示类型的PPT作品，在制作完成后，还要充分做好放映的准备，以确保演示时能够达到预想的效果。

8.3.1 根据需要设定合适的放映方式

针对不同的场合、不同的人群，放映PPT的方式可能有所不同，这时就需要我们提前对放映方式进行设置，让PPT达到最好的放映、演示效果。

在PPT中对放映方式进行设置，主要是对幻灯片的放映类型、放映选项、放映的幻灯片及换片方式等进行设置。选择"幻灯片放映"选项卡"设置"组中的"设置幻灯片放映"命令，打开如图8-15所示的"设置放映方式"对话框，在其中根据需要进行设置即可。

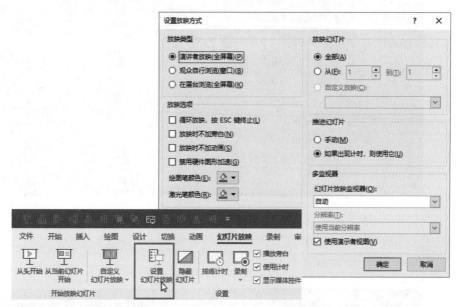

▲ 图8-15 设置放映方式

大师点拨 ▷ 幻灯片的3种放映类型有何区别？

PPT中提供了"演讲者放映（全屏幕）""观众自行浏览（窗口）"和"在展台浏览（全屏幕）"3种放映方式，不同的放映方式适用于不同的场合。

"演讲者放映（全屏幕）"适合在有演讲人的场合中选择，在放映过程中，将以全屏显示幻灯片，演讲者可以把控幻灯片的放映进程。

"观众自行浏览（窗口）"适合在展厅展示的场合中选择，观众可以自己进行浏览，自由度更高。

"在展台浏览（全屏幕）"适合全体观看、没有演讲者的情况，在放映过程中将自动全屏放映幻灯片，不需要演讲者操作。

8.3.2　让PPT按指定时间自动放映

当没有演讲人且需要自动按照指定的时间进行放映时，就需要通过排练计时来控制播放的时间。使用排练计时录制幻灯片时间的具体操作方法如下。

步骤01 打开演示文稿，选择"幻灯片放映"选项卡"设置"组中的"排练计时"命令，进入演示文稿放映状态，并打开"录制"窗格记录第1张幻灯片的播放时间，如图8-16所示。录制过程中若出现错误，可以单击"录制"窗格中的"重复"按钮↻，重新开始当前幻灯片的录制；单击"暂停"按钮Ⅱ，可以暂停当前排练计时的录制。

▶图 8-16　录制
播放时间

步骤02 第1张幻灯片录制完成后，在幻灯片上单击，对第2张幻灯片进行录制，直至录制完最后一张幻灯片的播放时间，按【Esc】键，打开提示对话框，其中显示了录制的总时长，单击"是"按钮进行保存，如图8-17所示。

▶图 8-17　保存
录制时间

步骤03 进入幻灯片浏览视图，每张幻灯片下方将显示该页录制的时间，如图8-18所示。

设置了排练计时后，只有在"设置放映方式"对话框中选中"如果出现计时，则使用它"单选按钮，才能在播放时自动放映演示文稿。

▲ 图8-18　查看录制的时间

下篇

实践——用正确的方法做事

Chapter 09

职场常用 PPT 制作技巧

形形色色的职场人，
工作中几乎都要使用到 PPT。

年终述职，需要出众的工作总结 PPT；

争取融资，需要专业的商业计划书 PPT；

找工作，需要非同一般的简历 PPT；

……

PPT 做得好，能让你轻松应对各种工作场景需要，

也能让你在职场中表现得更加出类拔萃！

9.1 工作总结 PPT 制作技巧

　　工作中常常需要总结，特别是在年底时，各单位、企业几乎都要齐聚一堂，共同总结过去一年的工作。虽说个人工作总结做得好与不好主要在于工作本身做得是否出色，但是，将有关内容精心制作成PPT，图文并茂地呈现，一定会为你的总结演讲加分。那么，如何把工作总结PPT制作得更好呢？以下一些技巧供读者朋友们参考。

9.1.1　工作总结内容的构思与组织

　　个人工作总结主要目的是讲清楚工作中取得的成绩，其内容构思相对简单，一般采用三段式，即第一段为总结概括性内容，第二段叙述过程，第三段谈体会、经验；或第一段对工作进行回顾，第二段谈工作成绩，第三段分析存在的不足。如图9-1所示，这份总结PPT即采用三段式结构。

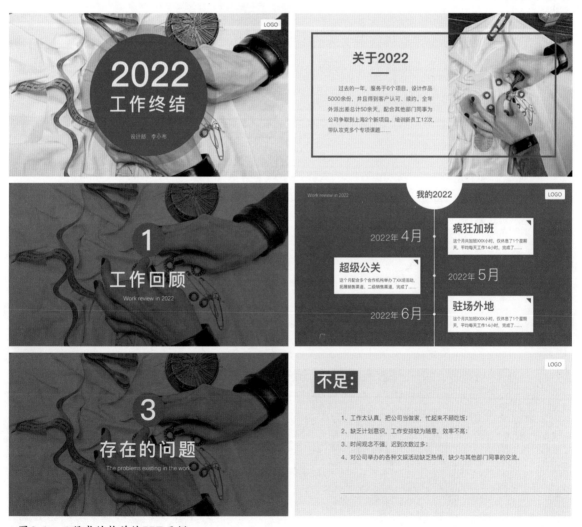

▲ 图9-1　三段式结构总结 PPT 示例

　　若是代表公司或部门做工作总结，则可不按工作先后顺序构思内容，而是从更宏观的层面梳理

工作涉及的不同层面，逐项进行思考、总结，如图9-2所示。

▲ 图9-2　分项总结PPT示例

在某些场合进行不那么严肃的总结时，也可以采用漫谈式的方式。如图9-3所示的总结PPT，以一些看似琐碎的关键词为线索，以点带面地总结，打破总结陈规，饶具新意。

▲ 图9-3　漫谈式总结PPT示例

再如图 9-4 所示的总结 PPT，以领导、同事的"语录"为线索展开总结，也很新颖。

▲ 图 9-4 "语录"线索总结 PPT 示例

同理，图 9-5 所示总结 PPT，则是通过工作中的多个小故事展开，比起常规总结具有更强的兴趣点和感情色彩，更能够吸引人、打动人。

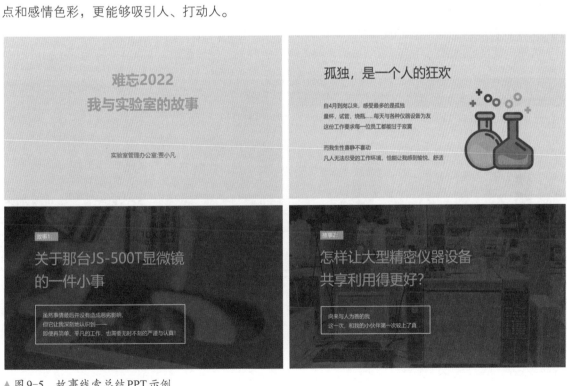

▲ 图 9-5 故事线索总结 PPT 示例

9.1.2 如何让工作总结更出众？

很多时候，总结会上的工作总结都相差无几，难分高下，如何才能让自己的总结脱颖而出呢？让工作总结PPT "不一般"，可以从以下方面进行改进。

第一，用数据说话。在工作总结PPT 中突出具体数据信息，能让工作回顾看起来更真实、可靠，既能突出工作成绩，又能展现工作难度、辛苦程度，如图9-6所示。

▲ 图9-6　用数据说话总结PPT示例1

尤其在工作成绩的总结方面，适当使用柱状图、条形图、饼图等数据图表，展现当年与往年、当前项与竞争项等对比情况，比纯粹的描述性文字更有说服力，如图9-7所示。

第二，突出重、难点。工作总结PPT 应有所侧重，找到关键点，详细说明其重要性及解决这些问题的难度，适当"包装"工作亮点，可以避免工作总结PPT如记流水账一般平淡无趣。

第三，要有自己的想法。在个人工作总结PPT 中，可以有意识地阐述自己的观点，特别是提出建设性意见，不能纯粹叙述工作，如同没有灵魂的工作机器。

第四，适当地煽情。用感情浓烈的话语或图片感染观众、打动观众，如图9-8所示。

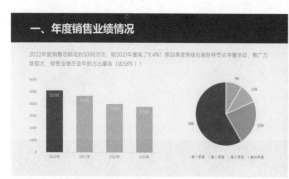

▲ 图9-7　用数据说话总结PPT示例2　　　　▲ 图9-8　煽情总结PPT

第五，要体现高度。在总结PPT 中，可以将自己对工作的看法，提炼为一句有内涵、耐人寻味的话，放在结尾作为结束语，对总结进行升华。如图9-9所示页面，将日常工作的烦琐及自身对于这种烦琐工作的认识，概括为"如常，已是非常"，巧妙体现了不惧烦琐、认真做好本职工作的良好工作态度。

▲ 图 9-9　总结 PPT 末尾升华示例

9.2　商业计划书与个人简历 PPT 的制作要点

9.2.1　商业计划书 PPT 的制作要点

　　商业计划书是创业者对公司或项目发展初衷、发展逻辑、发展战略等方方面面情况的梳理。制作一份商业计划书 PPT 的主要目的是讲清楚公司或项目的现状与未来设想，应尽可能地展现公司或项目优势，争取获得合伙人、投资人的青睐。对于新手而言，制作商业计划书 PPT 时，有以下问题需要注意。

1. 不要大而全，要少而精

　　一般而言，一份商业计划书主要包括市场分析、产品介绍（创新点）、商业模式、竞争优势、发展规划、团队介绍、财务规划与预测、融资需求与退出机制等几个主要板块，具体应结合自己公司或项目情况、观众情况选择性准备。商业计划书关键在于把项目讲清楚、有说服力，不要写成大而全的文章。整体页数上，一般不超过 15 页。如图 9-10 至图 9-15 所示，这份节选的商业计划书 PPT，原内容可分为背景分析、公司情况、产品情况、发展规划等几个部分，还包含了商业模式、竞争优势等方面的介绍。

▲ 图 9-10　节选自某商业计划书 PPT 1

▲ 图 9-11　节选自某商业计划书 PPT 2

▲ 图 9-12　节选自某商业计划书 PPT 3

▲ 图 9-13　节选自某商业计划书 PPT 4

▲ 图 9-14　节选自某商业计划书 PPT 5

▲ 图 9-15　节选自某商业计划书 PPT 6

2. 一句话说清产品

试着用一句话讲清楚你的产品的创新点、你要做的事。在产品定位上，要懂得取舍，描述时，要先对产品特点（卖点）进行全面梳理，挑选其中的"尖叫"特点，即最能打动人、最核心的价值点，从这一点切入进行阐述，不能过分求全，每个点都泛泛而谈。

此外，产品介绍这个部分，如有专利等知识产权佐证，应尽可能地用上，权威认证将大大提高产品说服力。

3. 盈利点清晰

商业模式这个部分是投资人极为关心的部分，他们要了解项目能不能赚钱、能赚多少钱。因此这部分 PPT 的设计与讲述非常关键。从观众（投资人）角度出发，商业模式适合以图示形式展示，而不是纯文字描述，且最好在一页幻灯片内完成。收益预测部分，早期盈利数据不理想也不必太在意，投资人主要对未来的高增长感兴趣。

4. 细分市场，大有可为

在分析市场时，应避免使用过多专业术语，尽量用简单、好理解的词句和数据图表，呈现某个细分市场下的空白点（商机），呈现自身产品和解决方案的壁垒性优势，争取给投资人一种本项目大有可为的感觉。发展规划方面，要有理想化的远景设想，也要有可行的近期安排，包括一年内的各项具体工作计划。

5. 凸显实力

团队介绍方面，要梳理每位成员学历、知识产权、从业经历等方面的优势，展现其技术能力、管理能力、营销能力等各方面的能力，争取获得投资人信任。若团队本身资质条件有限，则不必将每位创始成员都罗列出来，条件允许的情况下，可加入顾问专家、指导老师的介绍，弥补团队本身的不足，如图9-16所示。

▲ 图 9-16　某商业计划书 PPT 团队介绍页示例

9.2.2　个人简历 PPT 的制作要点

比起 Word 文档，用 PPT 做个人简历，主要有两个优势：一是排版设计更方便，更易设计出图文并茂、视觉效果好的简历；二是可将证明自身能力的有关作品材料整合呈现。是否有必要制作一份 PPT 简历，应根据岗位要求、自身能力来决定。如果应聘销售岗位，能力主要在实际工作中体现，则 Word 简历即可；如果应聘平面设计岗位，能力可以通过设计作品体现，则可以考虑制作一份 PPT 简历。如图9-17所示，这是用 PPT 设计的单页简历，多页的 PPT 简历如图9-18所示。

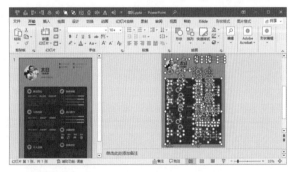

▲ 图 9-17　一页纸 PPT 简历示例

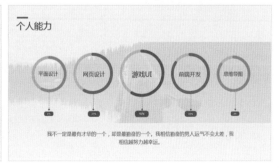

▲ 图 9-18　多页面 PPT 简历示例

対于新手而言，注意以下一些要点，可让PPT简历效果更佳。

1. 简洁明了

PPT简历有更多发挥空间，但也不能随心所欲地堆砌内容，特别是在设计能力有限的情况下，不宜过度设计，而应简洁明了。如图9-19所示节选简历，叙述啰唆，文字过多；页数不多却设置目录页；还有与主题无关的3D小人元素，不和谐的配色……都带给人一种廉价感。

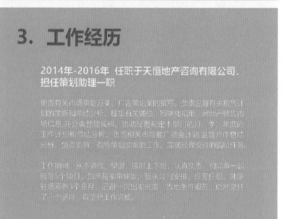

▲ 图9-19　不够简洁清晰的PPT简历示例

对比之下，如图9-20所示的简历，是不是就简洁清晰得多？

▲ 图9-20　简洁清晰的PPT简历示例

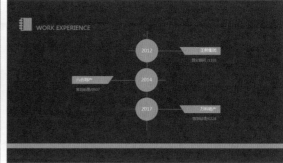

▲ 图 9-20　简洁清晰的 PPT 简历示例（续）

2. 可视化设计

将简历中的文字信息尽可能转化为图示、图表来表达，HR 阅读起来更轻松，视觉效果也比 Word 版本简历更胜一筹，如图 9-21 所示，这个个人能力描述页面就很优秀。

▲ 图 9-21　简历 PPT 可视化页面设计示例

3. 用好首页

简历 PPT 的首页是 HR 首先看到的一页，关系到 HR 对你的第一印象，必须认真考虑其设计。有些人喜欢把简历 PPT 首页的"简历"或"RESUME"文字放大，其实这些文字除了装饰并无其他作用，HR 在一堆简历文档中查看、筛选，必然知道这些文档都是简历，所以，从实际用途考虑，完全无须再写上或放大"简历"或"RESUME"等文字。首页中最应该突出的是自己的姓名、求职岗位，以便 HR 第一时间找到你的简历，如图 9-22 所示。

▲ 图 9-22　简历 PPT 封面优化

若你拥有较为突出的技能，还可以将这一技能包装为身份"标签"，放在首页，让简历显得更独特。如图 9-23 所示简历首页，"一个 PPT 玩家"就是一种独特的身份标签，"玩家"这个词展现了擅长 PPT制作这一项能力，这样的首页比仅展示名字、应聘岗位，显然功能性更强。

4. 附上作品

在 PPT 简历中，可附上作品作为佐证材料，如文稿创作、平面设计、UI 设计、工业设计、视频剪辑等类型的作品均可以图片形式进行展示，发明创造、机械操作、雕刻烹饪等其他类型作品还可以以视频的方式展示。同时，在 PPT 简历中可对作品进行配文介绍，让 HR 对这些作品的情况有更深入的了解，如图 9-24 所示。

▲ 图 9-23　优化简历 PPT 封面示例　　　▲ 图 9-24　附作品的简历 PPT 示例